高等院校纺织服装类 "十三五" 部委级规划教材
经典服装设计系列丛书

服装款式大系

——男大衣·风衣
款式图设计800例

主 编　陈贤昌　曾　丽
著 者　何韵姿　胡蓉蓉

U0377533

东华大学 出版社
·上海·

图书在版编目（CIP）数据

男大衣·风衣款式图设计800例 /陈贤昌，曾丽主编.

—上海：东华大学出版社，2018.1

（服装款式大系）

ISBN 978-7-5669-1230-5

Ⅰ.①男… Ⅱ.①陈… ② 曾… Ⅲ.①男服 – 大衣 –
服装款式 – 款式设计 – 图集 ②男服 – 风衣 – 服装款式 –
款式设计 – 图集 Ⅳ.①TS941.717-64

中国版本图书馆CIP数据核字（2017）第155201号

责任编辑　吴川灵　赵春园
装帧设计　李　静

服装款式大系
——男大衣·风衣款式图设计800例

主编　陈贤昌　曾　丽
著者　何韵姿　胡蓉蓉
出　　　版：东华大学出版社(上海市延安西路1882号，200051)
本 社 网 址：http://www.dhupress.net
天猫旗舰店：http://dhdx.tmall.com
营 销 中 心：021-62193056　62373056　62379558
电 子 邮 箱：805744969@qq.com
印　　　刷：苏州望电印刷有限公司
开　　　本：889mm×1194mm　1 / 16
印　　　张：22.5
字　　　数：792千字
版　　　次：2018年1月第1版
印　　　次：2018年1月第1次
书　　　号：ISBN 978-7-5669-1230-5
定　　　价：88.00元

总　序

时尚与创意，生活与品味，是现代服装设计所追随的理念，也是当代服装设计的灵魂。

男装设计是服装设计中一个跨度大、突破难度高的领域。应东华大学出版社的要求，我们对现代男装设计进行了深入的研究与探讨，针对服装款式大系男装系列设计丛书定位、命名展开了多次的分析与讨论，确立了《男大衣·风衣款式图设计800例》《男衬衫·T恤款式图设计800例》《男夹克·棉褛款式图设计800例》《男西装·裤子款式图设计800例》四本设计专著的撰写方向。

整体创作以基于市场又高于市场的设计理念，领先于一般系列丛书的目标定位。本系列丛书以完整的款式设计目标，体现良好的市场应用价值，具备一定的前瞻性、可延伸性。我们着眼于当代国内外精湛的设计思想，力求达到具有研究、分析以及可应用性的原则，在理论性、实践性和应用性的基础上充分体现出全系列丛书的总体质量，并具备一定的权威性与学术性，力求达到丛书的总体目标。

文字部分撰写应体现一定的理论性、专业性和学术性；服装设计图应具有较高的时代与时尚美感，体现出一定的应用性、时尚性和拓展性；服装设计效果图力求达到较高的表现水平，具有一定的艺术性和实用性，充分体现出服装设计的专业性；服装款式设计图应以品牌服装企业的设计要求，体现出较专业的设计能力；案例分析应具有典型性、专业性和细节性特点，体现出较高的服装专业水平。上述要求贯穿于全书写作。

机缘巧合，尘埃落定。我们有幸与三所学校八位作者合作，从2015年12月至2017年3月四本专著分别完成交稿。期间从广州大学城（广州大学）的第一次定稿到中期的多次修正，以及后期不断重复的调整，一次次的研讨、探索与争议，蕴含着多少不为人知的故事，让我们留下了难忘的回忆。非常感谢八位教师、设计师作者的合作，与大家分享精彩的创作经验和设计历程，给我们带来的是在时尚设计中如何妙手丹青，如何让现代男装设计煜煜生辉，带来了经典与时尚中全系列的男装设计作品。

我们认为任何一件成功的作品，其创新往往是起决定性的作用，好的创新不是对过去的重复，而是强调新的突破，它带有原创性、开创性的特点。从成功的案例中不难看出，好的创新一定能出人意料、标新立异、与众不同，好的创新又一定与成衣设计、与生活相结合，既符合现代审美情趣又适合市场发展的需求。首先，它建立在正确的思想指导下寻求创新的方法与思路，以求达到最大限度上的完美效果；其次，它建立在作者知识积累的基础上，是作者思维能力、艺术修养的综合反映。我们现在正处在一个提倡中国制造走向中国智造的年代，理念需要创新，科技需要创新，时尚艺术也离不开创新。

我们组建的男装系列设计丛书著作团队，正是基于这种思想和态度，群策群力，在教学与时尚设计实践中相互穿插、相互依存、相互促进，在创作中不断开拓、不断深入，力求达到创新与实用互助。

历时15个月的奋斗不息，四本男装设计专著终于画上完满的句号！

每本专著的设计都有着与众不同的设计风格，而最激动人心的是能够探索每一个蕴藏在设计理念下所展示出的真正风貌。但愿这套丛书能受到大家的欢迎，以及为服装市场带来更多、更好的设计作品。

主编　陈贤昌　曾丽

2017年6月8日于广州

前　言

　　男装发展日趋多元化，跨界合作与联合经营、快时尚与慢生活等新趋势，都将给男装市场带来新的机会。大衣与风衣作为男装必备单品，发展历史长久，由于造型灵活多变、健美潇洒、美观实用、款式新颖、携带方便、富有魅力等特点，深受中青年男士的喜爱。时尚男装大衣、风衣款式轮廓多变，风格多样化、结构变化灵活，款式丰富多彩。领部、袖部、衣身、口袋等款式细节应用较多，一些传统的合体部位被改造成宽松舒适的结构。另外，弹力材料的应用也越来越广泛，这对原来传统的款式设计方法提出了挑战。本书与时俱进，选取了近年来市面上流行的各类男装大衣风衣款式，其中包括柴斯特族礼服大衣、阿尔斯特族防寒出行外套，巴尔玛肯族风雨外套以及休闲外套等。也涵盖了巴斯尔时代晚期、摩登浪漫主义时期、好莱坞风潮的立裁男装时期、宽松版型的战后时期、"垮掉的一代"、优雅嬉皮时代、反叛朋克、雅皮时期、POP 时期、Dressing Down 时期等各个时期的经典作品，分别画出了款式图。

　　本书力求展现设计手法灵活，具有一定结构处理变化技巧的服装款式。在款式构成变化的基础上，还研究了服装的装饰规律、装饰与服装造型的关系以及服装装饰的手法，使服装款式构成更趋于完善和充实。书中大量的例图以及案例分析可帮助读者对内容的理解。本书适宜用作企业从业人员的参考工具书，也适合各类服装院校学生作为"服装款式设计"课程的用书。

　　本书从构思到最后出版，经历了一年半的时间写作并反复绘制与修改。在此特别感谢东华大学出版社给予这次宝贵机会，主编与编辑老师们的辛苦工作，整个男装系列各位老师的辛苦指导。感谢 Eeo 参与效果图的绘制以及在绘制款式图过程中西南大学郭芳婷与广东培正学院黎芷君、李嘉琪、麦舒婷等同学的热情投入，为本书增添了色彩！

编著者

2017 年 6 月

目　录

第一章

款式设计概述

在男装发展漫长的历史中，从古至今但凡讲究的礼服都以外套（coat）著称，同时外套也常与"讲究"这个词相联系在一起。一位有身份的男人，总是穿着那么几种外套，而我们从他的穿着就可以基本判断得出他出行的目的。这是因为在已形成的经典外套中，无论是礼服外套还是休闲外套，它们往往都保持着故有的用料习惯和文化，这也是我们设计者在设计此类服装中需要遵循的规律。外套以功能来划分，大体可分为防雨类、防风尘类和防寒类，根据不同的面料材质和穿着季节，又可以将长款外套分为大衣与风衣（春秋外套）。

1. 大衣风衣的分类体系

外套以礼仪等级来划分，大体分为三类，即礼服外套、常服外套和休闲外套。礼服外套以柴斯特外套和波鲁外套为代表；常服外套以巴尔玛肯外套和堑壕外套为典型；休闲外套以达夫尔外套、洛登外套和水手外套为首选。

2. 大衣风衣设计特点

柴斯特大衣是礼仪级别最高的礼服外套。它有三个基本版式，即标准版、传统版和出行版；两种基本版型即 X 造型的六开身裁剪和四开身裁剪。

全天候外套的巴尔玛肯外套是经典外套中使用率最高的一种。宽摆直线简化的四开身结构、插肩式袖型、暗门襟等，都呈现出现代人追求简约闲适的生活方式。

堑壕风衣是具有个性化的常服外套，一般不作为礼服外套使用。双搭门、拿破仑翻领、插肩袖、肩背挡雨布、肩襻、袖带、腰带、防水斜插袋、箱式后开衩等，这些细节都是承袭历史所留下的经典特征。

达夫尔外套是休闲大衣的代表。采用了无后背缝的三开身直线结构，这也是休闲外套裁剪的典型特征。

3. 大衣风衣系列设计原则

领型：按照礼仪级别排序，外套领型依次是枪驳领、平驳领、阿尔斯特领、巴尔领和拿破仑领。

驳领和枪驳领一般用于柴斯特外套中。这种从礼服和西装领借鉴而来的领型，在工艺和外观上都显得精致小巧，更多用在稍薄的呢料中。

阿尔斯特领是厚呢类防寒大衣领型的代表，同属于驳领体系，常见于波鲁大衣、不列颠外套、泰洛肯大衣等。

巴尔领是巴尔玛肯外套的一个标志，也是在外套中应用最广泛的一种领型，它几乎可以在所有类型的外套中使用。

拿破仑领是因堑壕风衣而存在的，由领座和翻领两个部分组成。也可运用于巴尔玛肯外套和休闲外套中。

袖型：一般有装袖、插肩袖和包肩袖。

装袖是礼服大衣惯用的袖型。但在休闲外套中也常使用装袖，通常需要对装袖进行适应面料的休闲化工艺处理，如落肩压明线的装袖工艺。

插肩袖是风雨衣惯用的袖型，由于其穿脱方便、便于运动以及排水迅速的综合功能而成风雨衣的标准配设。

包肩袖在礼仪上是介于前两种袖型之间的中间样式。在插肩袖的基础上做装袖的包肩处理，形成有袖中缝的三片袖结构，再施加缉明线工艺，形成独特的刚柔结合的造型。

第二章

设计案例分析

设计案例分析 1：时尚钉珠大衣

1. 款式特点：这是一件时尚潮流钉珠长款大衣，设计线条流畅有层次感，钉珠采用点线面的构成手法，展现独特的设计品味。
2. 造型特点：人性化的立体裁剪工艺，使服装贴合身型，尽显英伦贵族风格，衬托优雅气质。

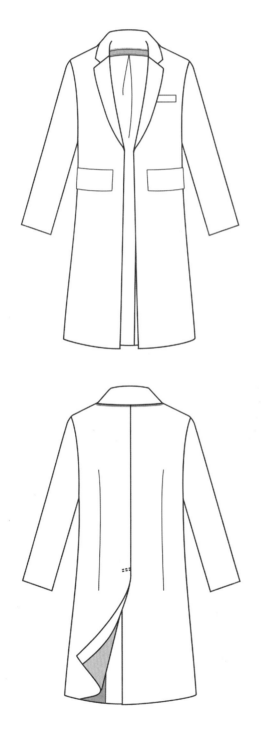

设计案例分析 2：单排扣翻领斗篷外套

1. 款式特点：这是一款斗篷式大衣，斗篷式版型立体飘逸，大方不失雅致，潮流又新颖，给人视觉上的美感，展现完美身材比例。

2. 造型特点：采用毛呢面料，高档羊毛印花纹路，随性又时髦。

设计案例分析 3：滩羊毛领真皮大衣

1. 款式特点：这是一款皮质外翻毛领大衣，大翻领的设计彰显人的高贵气质，衣身的弧度可掩盖自身缺点，展现优点，获得大众喜爱。

2. 面料特点：使用柔软真皮面料，尽显休闲时尚风范。

设计案例分析 4：方格羊毛棉混纺大衣

1. 款式特点：这是一款 H 型大衣，衣长长及小腿拉长身形，风度翩翩有格调，领口处的印花点缀，使这件大衣复古又时尚，成为亮点。

2. 面料特点：这件格纹外套选用保暖的羊毛棉质混纺面料制成，线条感强，时尚又浪漫不羁。

设计案例分析 5：自系式腰带时尚风衣

1. 款式特点：采用经典风衣造型，上身斜口袋自系式腰带，使用防风扣的设计不仅保暖，还巧妙地使腰线提高，拉长腿部线条。

2. 面料特点：采用了藏蓝色水洗华达呢面料，挡风保暖，尽显风衣质感。

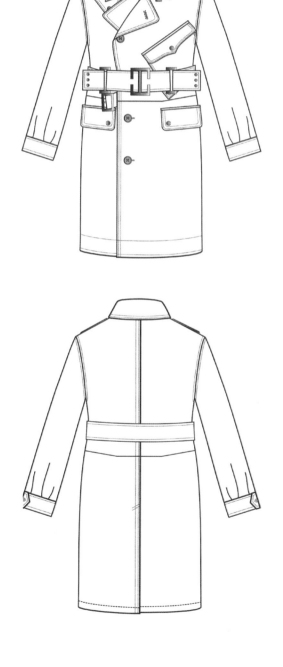

设计案例分析6：无领茧型大衣

1.款式特点：这是一款混纺图案羊毛大衣，独特的图案吸引目光，让人遐想连篇，灰色格调彰显优雅气质，充满立体时尚设计感。

2.面料特点：这是一款印花羊毛呢大衣，精选优质羊毛，细腻高贵、美观大方。

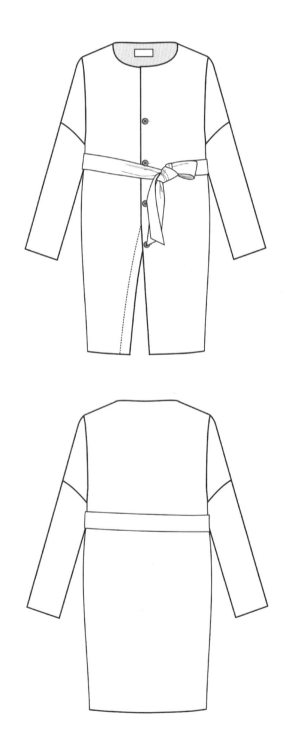

设计案例分析 7：金属感提花长西装

1. 款式特点：这是一款青果领长款西装，修饰完美身材，青果领的设计拉长上身视觉，适合大部分人穿着。

2. 面料特点：采用古风浓郁的提花图案面料，高档的手工工艺使服装贴合身形，时尚典雅。

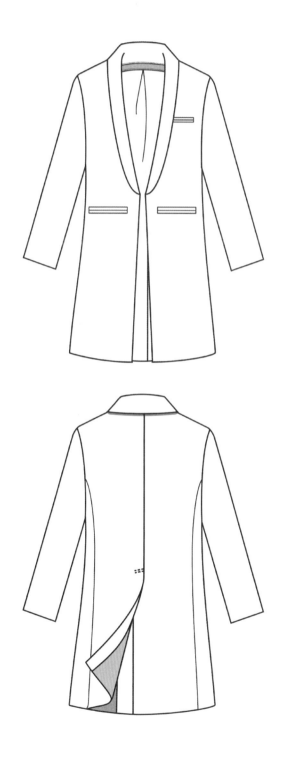

设计案例分析 8：束腰款风衣

1. 款式特点：这是一件中袖翻驳领中长大衣，衣身造型较宽松，插肩袖，衣袖处翻折，更显轻松随意，腰处系腰带，衣服辑明线增强其坚实感。大衣装饰上下左右各一个大口袋，并设计两个装饰性假口袋，让服装更显设计感。

2. 面料特点：面料采用化纤防水涂层织物或棉华达呢具有防风功能。

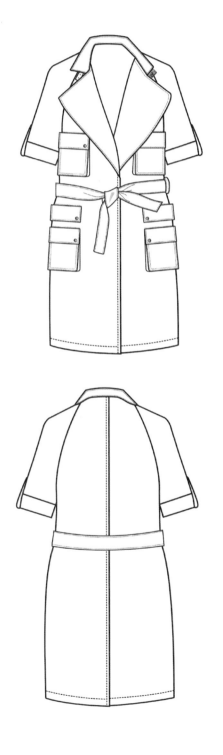

设计案例分析9：无袖中长款休闲外套

1. 款式特点：这是一款无袖中长款休闲外套，用黑边强调衣服结构，衣服具有装饰点。
2. 面料特点：采用较薄的麦尔登毛呢，使穿着者感到舒适，同时不显厚重。

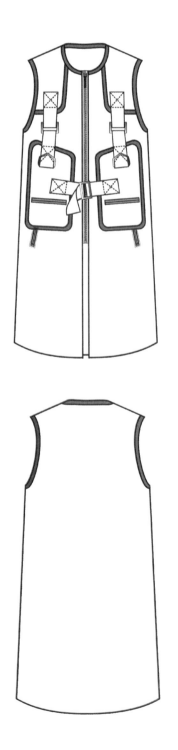

设计案例分析 10：围巾领简约款大衣

1. 款式特点：这款长款西装以围巾作为大衣的领子，显得大气又有设计感，微垫起的肩部显得挺拔，后背收省，使服装贴合身型，尽显商业精英干练而潇洒的风格。

2. 面料特点：运用深蓝开司米面料，使得大衣精致上档次。

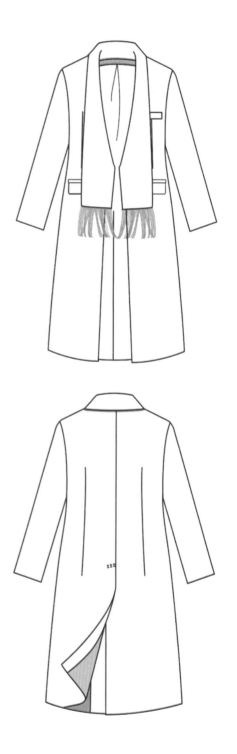

设计案例分析 11：斗篷款风衣

1. 款式特点：这是一件七分袖翻驳领长款大衣，连身的假斗篷以及下摆的一些英文装饰图案，充满趣怪与玩味的感觉。

2. 面料特点：这款风衣运用比较薄的毛呢，让整件衣服有点垂感，轻微的飘忽，就像一个会魔法的魔法师，让人充满联想。

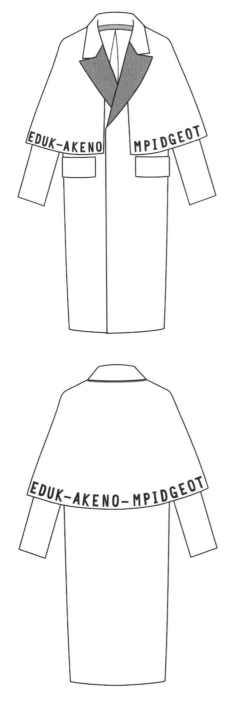

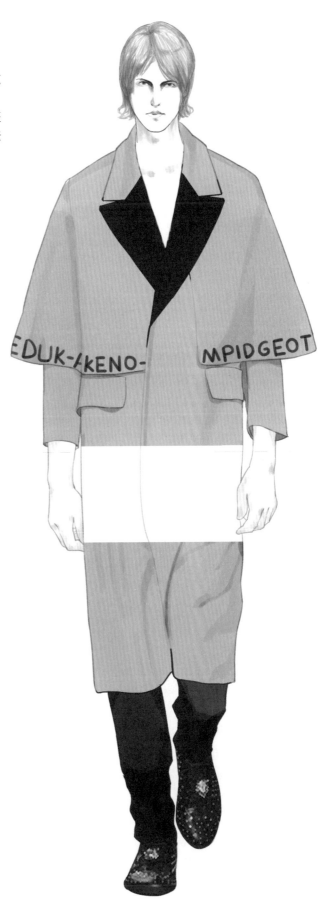

设计案例分析 12：H 型双排扣大衣

1.款式特点：这是一件时尚潮流双排扣长款大衣，设计线条流畅有层次感，两边具有开衩设计，门襟处和下摆的字母起到装饰性作用，具有潮感和个人风格。

2.面料特点：以柔软的羊毛混纺面料制成，光滑的斜纹布衬里令穿着更为平整贴服。

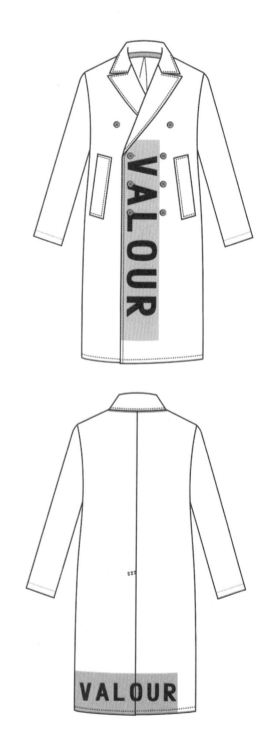

设计案例分析 13：H 型系腰带式宽松大衣

1. 款式特点：这款简约设计线条流畅的宽松型大衣，装饰倾斜腰带，起到可以调节松紧的作用。
2. 面料特点：采用羊毛、安哥拉毛、羊毛混纺面料制成，柔软细腻的手感和意式精湛的剪裁技艺展现顶尖奢侈品牌的超凡品质。

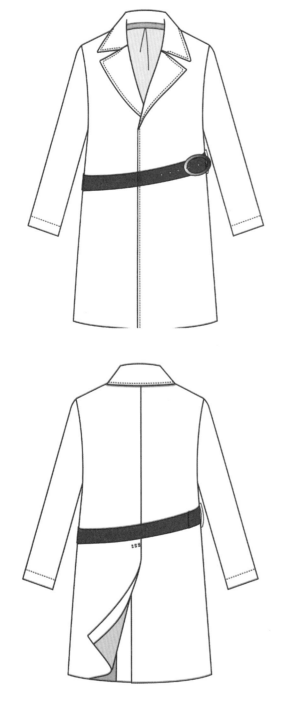

设计案例分析14：落肩印花图案大衣

1.款式特点：这款大衣以O型的衣型轮廓，大气显沉稳，采用精选高品质毛呢面料，加入高档羊毛和印花图案，尽显奢华贵族气质。

2.面料特点：选用松软的羊毛呢制成，设计采用宽松的剪裁方式，加上光滑的缎布全衬里，方便内搭其他衣物。

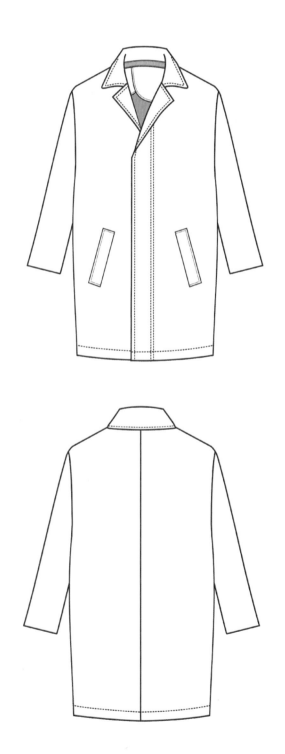

设计案例分析 15：拼色插肩袖风衣

1. 款式特点：这是一款翻领撞色风衣，衣领与肩部的设计时尚简约。简单的插袋，凸显出潮流感。
2. 造型特点：采用插肩设计，线条感强，结构版型宽松。

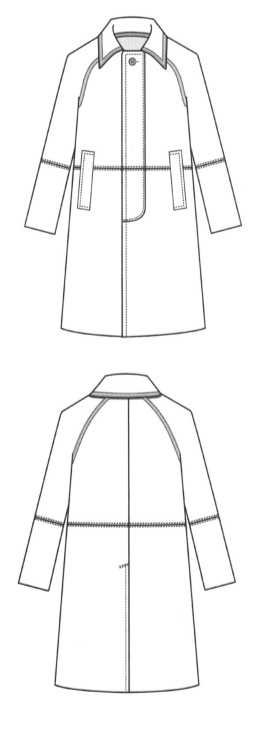

设计案例分析 16：流线型纹样大衣

1.款式特点：这是一款时尚休闲大衣，在格纹元素的基础上添加不规则的图形印花，简洁插袋款，时尚与玩味结合。

2.造型特点：采用落肩袖的设计，结构版型直筒，线条感十足。

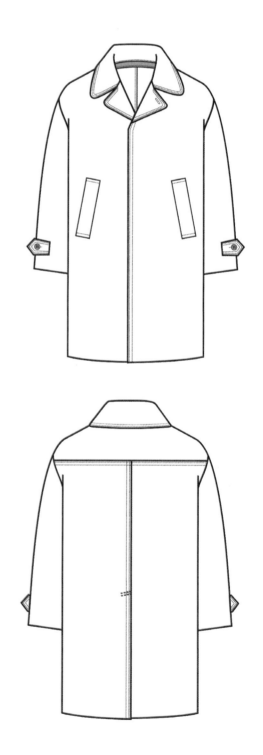

设计案例分析 17：纹样装饰连帽便装

1.款式特点：这是一款连帽型的大衣，添加上几何
图形，展现出独特的设计风格。

2.造型特点：使用 H 型版型，宽松舒适，蓝灰色的
几何纹样更是本单品的点睛之笔。

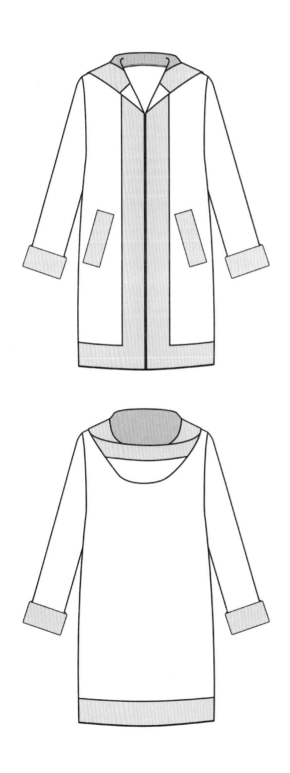

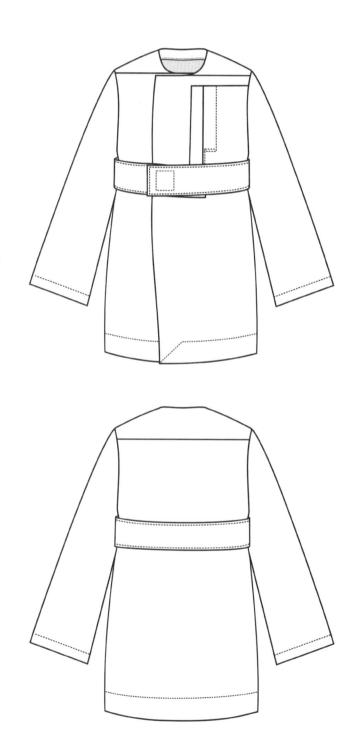

设计案例分析 18：圆领宽松大衣

1.款式特点：这是一款圆领宽松的大衣，肩部设计显得挺拔，下摆穿着效果立体。
2.造型特点：结构版型合身，腰带收腰，衬托出时尚气质。

设计案例分析 19：斜襟宽松裹式大衣

1. 款式特点：这是一款斜襟绑带大衣，随意的绑带，突显出慵懒休闲。
2. 面料特点：使用化纤作为主面料，袖口、领部、门襟、下摆使用真皮滚边，背部有衍缝线条装饰，舒适保暖。

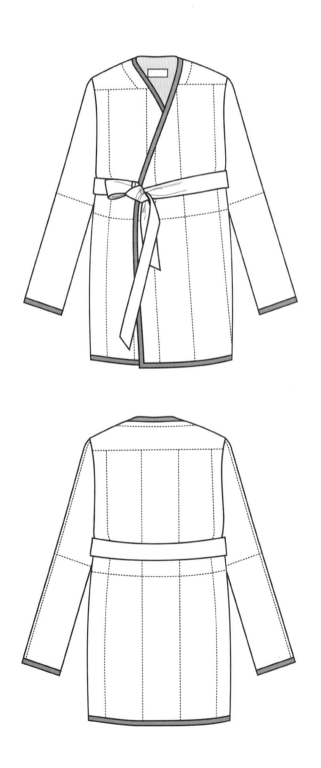

设计案例分析 20：纯棉华达呢风衣

1. 款式特点：这是一款中长型的大衣，不规则领型增加趣味性。简约的插袋设计更为时尚感。
2. 造型特点：结构版型合身，腰带收腰，整体立体自然。

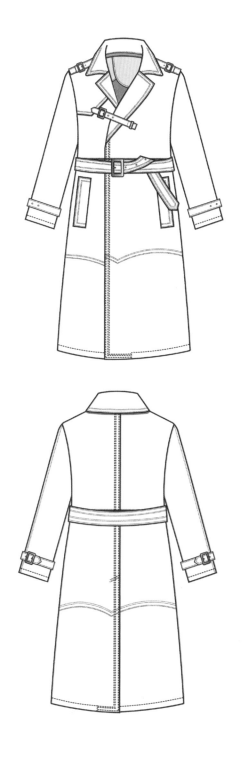

设计案例分析 21：H 型猎装风格大衣

1.款式特点：这是一款中长型风衣，翻领的设计以及前幅对称的立体贴袋设计，显得大气又实用。

2.面料特点：面料采用防风防水面料，面料间隙又能保持透风性。

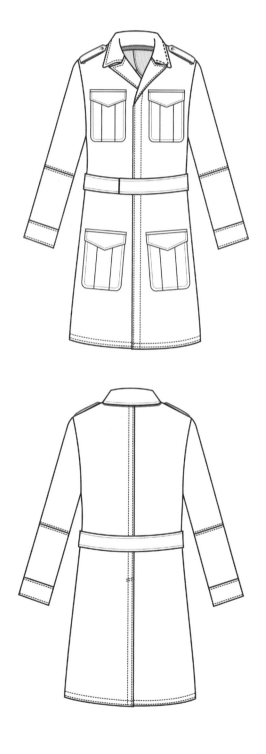

设计案例分析 22：时尚钉珠大衣

1. 款式特点：这是一款时尚潮流钉珠长款大衣，设计线条合身贴合，钉珠采用雪花形状，简约又独特，双排扣的设计经典且不失大方。
2. 造型特点：风衣采用双排扣的设计，结构版型修身合体，略显收腰，线条感强。

设计案例分析 23：H 型毛呢大衣

1.款式特点：这是一件 H 型毛呢大衣，设计简约，采用细格纹元素，款式设计手法利落大方，简单休闲。

2.造型特点：大衣采用精选高品质细格纹毛呢面料，厚重大气，羊毛含量高，细致紧密具有很强的保暖性。

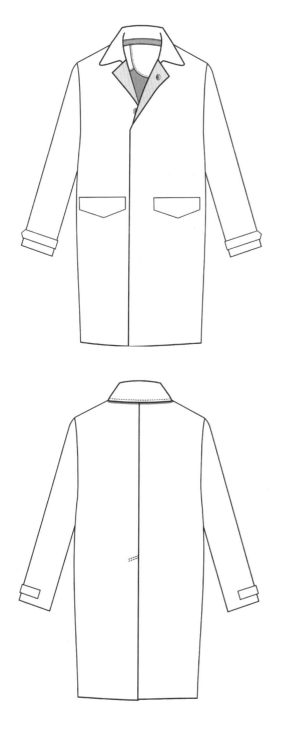

设计案例分析 24：无领衍缝风衣

1. 款式特点：这是一件无领、袖子拼皮风衣，休闲的拉链设计，简约插袋，袖子拼皮撞色设计。版型简单休闲，袖子的皮面设计视觉性更强。
2. 面料特点：衣身采用间线夹棉风衣布料，而袖子采用皮革亮面布料，服装作了拼皮撞色设计，视觉冲击力强，保暖实用。

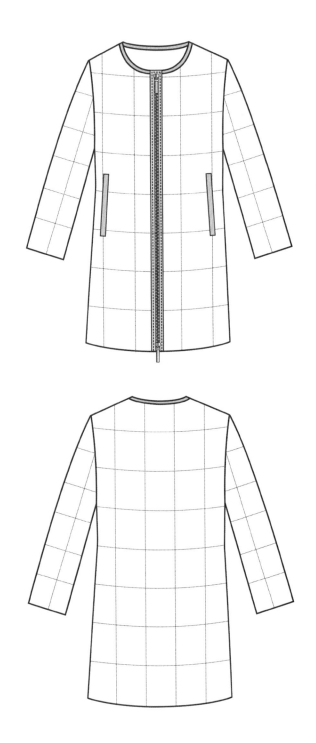

设计案例分析 25：休闲斗篷款大衣

1. 款式特点：这是一款休闲斗篷款大衣。衣领设计可立可翻，领子连帽设计，下摆的不规则设计休闲飘逸。
2. 造型特点：立体裁剪工艺，连帽型设计以及外型的不规则裁剪，后摆开衩的设计添加了些趣味感。

设计案例分析 26：双排扣军装风格大衣

1. 款式特点：采用经典的双排扣以及简约插袋设计，收腰合身。
2. 造型特点：经典款的中长风衣结构，版型修身合体，腰带的收腰设计，线条感强。

设计案例分析 27：达夫尔大衣

1.款式特点: 这是一款创意款达夫尔大衣，宽肩的造型显得挺拔。
2.面料特点：衣身采用麦尔登呢或双面呢面料，羊毛含量高，密度紧致，保暖性好。

设计案例分析 28：泰洛肯风衣

1.款式特点：这是一款泰洛肯风衣，设计简约，不同场合可随意变换造型，面料采用聚酯纤维，具有防风御寒功能。
2.造型特点：风衣采用插肩袖的设计，结构版型修身，腰带收腰，线条感强。

设计案例分析 29：修身风衣

1. 款式特点：这是一款单扣中长款大衣。采用了翻领，还有袖扣的设计，腰带的设计把身体比例显出来。
2. 面料特点：衣身采用高品质的中厚毛呢面料，加入高档羊毛，使衣服有些许垂感又不失廓型，保暖性好。

设计案例分析 30：军装版型大衣

1. 款式特点：这是一款中长款双排扣大衣，采用了竖直立圆领和袖口的设计，肩部的设计显得挺拔，有型又时尚。
2. 造型特点：衣身采用深灰色毛呢面料，保暖性好，同时也有修身的效果，显瘦和拉长身段。

设计案例分析 31：带帽军绿色风衣

1.款式特点：这是一款中长型的风衣，不规则领型增加趣味性，简约的插袋设计更为时尚感。

2.造型特点：经典款的中长风衣结构，版型修身合体，腰带的收腰设计，线条感强。

设计案例分析 32：黑色简洁大衣

1.款式特点：这是一件中长款翻折领大衣。整个大衣较简洁，袖子为中袖五分袖，袖口处有开衩设计。

2.造型特点：衣身采用厚的黑色毛呢面料，黑色经典又时尚，光照的时候衣身颜色变化有立体感。

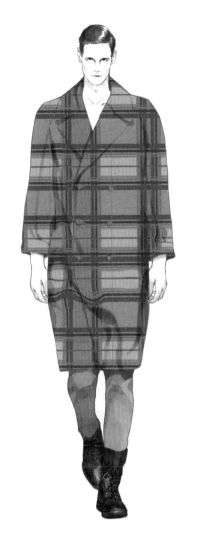

设计案例分析 33：复古格纹大衣

1.款式特点：这是一款中长款双排扣翻驳领大衣。插肩袖的设计让大衣有种休闲的感觉。采用了格纹元素，休闲又时尚。

2.造型特点：衣身采用格纹毛呢面料，加入高档羊毛，密度紧致，保暖性好。

设计案例分析 34：飞行员毛领夹克

1.款式特点：这款大衣采用了很大的毛领设计，衣服袖口及门襟都有外翻的毛边，领子上有扣襻，整件大衣起到防风保暖的效果。

2.面料特点：风衣上的皮毛采用羊羔毛，衣身皮料上的肌理效果让整件大衣显得富有年代感。

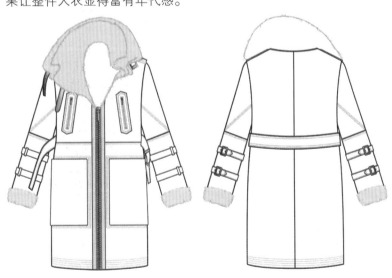

设计案例分析 35：达夫尔大衣

1. 款式特点：这是一件经典款达夫尔大衣，微垫起的肩部显得挺拔，精致的牛角纽扣门襟彰显儒雅气质。
2. 面料特点：衣身采用麦尔登呢或双面呢面料，羊毛含量高，密度紧致，保暖性好。

设计案例分析 36：修身单排扣中长大衣

1. 款式特点：这是一款简约修身的中长大衣，设计线条干净利落，还有着简约的直插口袋设计和后衣身尾部的开衩设计。
2. 造型特点：人性化的立体裁剪工艺，使服装更贴合人体，修身，尽显绅士魅力，衬托优雅大方，干练的气质。

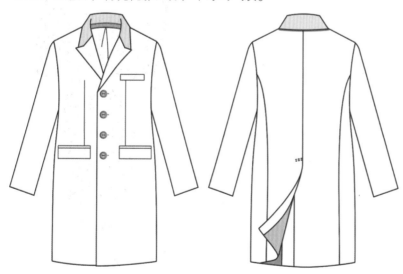

设计案例分析 37：纽扣装饰羊绒海军大衣

1.款式特点：这款双排大衣设计简约、修身，采用了金属双排扣，大翻领的设计，肩部显得挺拔，袖口上有装饰纽扣，使得整件大衣华丽而又时尚。

2.面料特点：舒适版型长款海军大衣，采用耐用的弹力羊绒织物打造出温暖的双面结构纹理。宽大的尖角型翻领与可拆式袖口勾勒出廓型。

设计案例分析 38：羊羔毛大衣

1.款式特点：这款大衣采用了拼色翻领设计，在 H 型的廓型上进行腰部分割。

2.面料特点：风衣上的皮毛采用羊羔皮，领部使用柔软麂皮与深色羊羔毛拼接，保暖舒适。

设计案例分析 39：轻奢中长款皮草大衣

1. 款式特点：这是一款轻奢的中长款皮草大衣。大翻领与双排扣的设计，大衣到腰围处分割再拼接，无不显现出轻奢的韵味。
2. 面料特点：大衣面料采用月白色的皮草精心打造而成。

设计案例分析 40：复古双排扣大衣

1. 款式特点：这是一款复古圆角领大衣。经典的圆角领与双排扣的设计，门襟、袖口装饰细线刺绣滚边。袖子装饰驼色貂毛，充满复古的气息。
2. 面料特点：藏青色使用羊毛毡面料，内里采用绗缝衬里，舒适保暖。

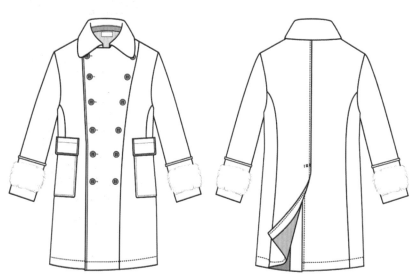

设计案例分析 41：堑壕风衣

1. 款式特点：这是一款中长型风衣，优雅的领型与肩部的设计使复古与时尚巧妙结合，简约插袋设计，弧度适宜，后背下摆骑马衩设计凸显绅士格调与潮流感。
2. 面料特点：面料采用棉华达呢，标准色为土黄色。

设计案例分析 42：简约纯色羊毛大衣

1. 款式特点：这是一款简约呢子大衣。采用了隐形纽扣的设计，线条流畅，显得大衣简约利落。
2. 面料特点：呢子面料挺括中不失柔软，朴实中不失时尚，粗犷中蕴涵典雅，标准色为驼色。

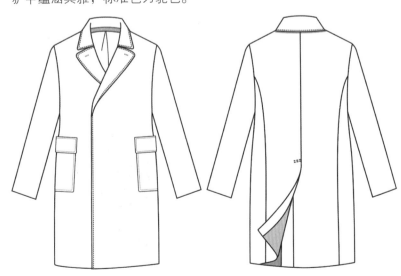

设计案例分析 43：斜纹棉布立领风衣

1. 款式特点：这是一款立领风衣，采用了立领的设计，还加入了经典风衣的标志之一——肩章的设计，使得风衣简洁时尚。
2. 面料特点：风衣采用了卡其色的斜纹棉布面料，组织坚固，耐磨损、耐撕裂、易清洗。

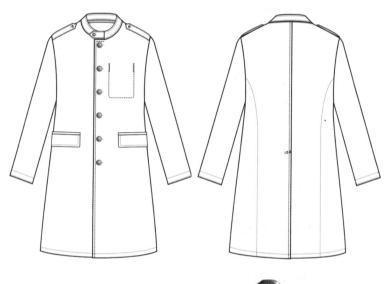

设计案例分析 44：时尚长款风衣

1. 款式特点：设计简约，采用可拆卸式大翻领隐形门襟扣的设计，配有腰带。
2. 面料特点：衣身采用银灰色纯棉面料，内衣采用半衬里工艺，时尚舒适。

设计案例分析 45：极简领帽大衣

1.款式特点：这是一款极简领帽大衣，没有多余的线条和装饰，体现了极简主义，最大的特色在于大领帽的设计，给整件大衣增添了一种神秘感。

2.面料特点：采用了藏蓝色的科技毛毡面料，合体挺刮。

设计案例分析 46：毛领装饰双排扣大衣

1.款式特点：这是一款时尚款大衣，微垫起的肩部显得挺拔，简洁的线条，可拆的毛领设计，显现出了贵族的气质。

2.面料特点：主要采用了深紫色羊毛呢面料，挺拔而又优雅，领部装饰可拆卸式貂毛。

设计案例分析 47：时尚长款羽绒服

1.款式特点：这是一款时尚绗缝带帽长款羽绒服，帽边采用黑色貂毛奢华毛领的设计。

2.面料特点：轻盈的羽绒填充令单品拥有无与伦比的保暖效果，海军蓝色轻薄面料散发着亮泽的金属光泽，体感十分舒适，保暖性极佳。

设计案例分析 48：复古格纹大衣

1.款式特点：这是一款双排扣复古长款柴斯特大衣，采用经典的格纹元素。领口、袖口、下摆的精致时尚设计使穿着效果饱满挺拔，版型线条立体自然。

2.面料特点：这款大衣运用精选高品质格纹毛呢面料，光泽细腻。

第三章

款式图设计

大衣篇

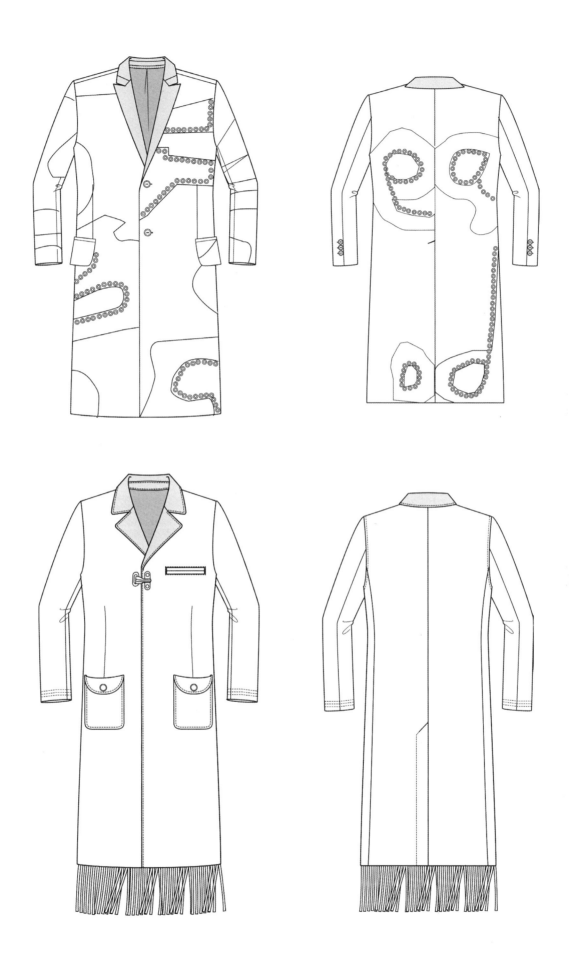

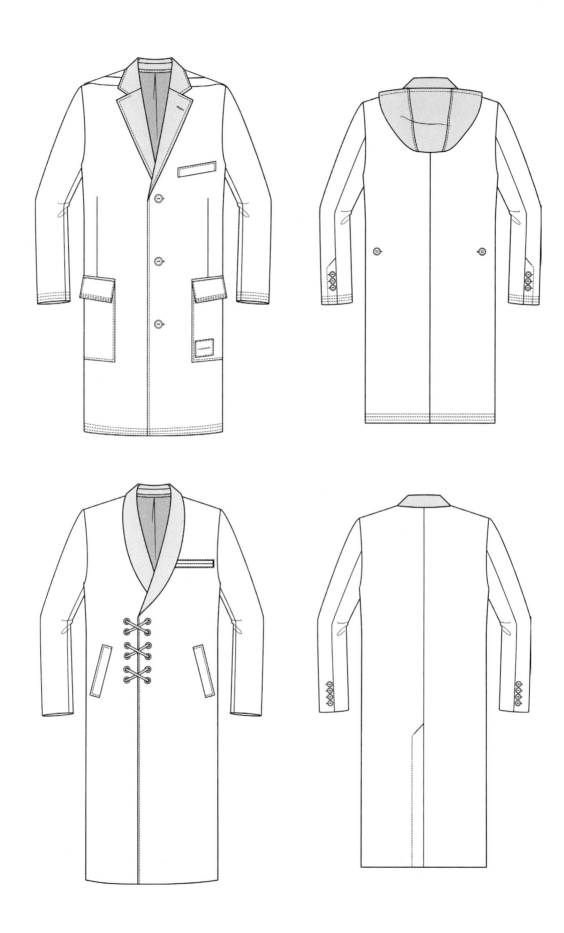

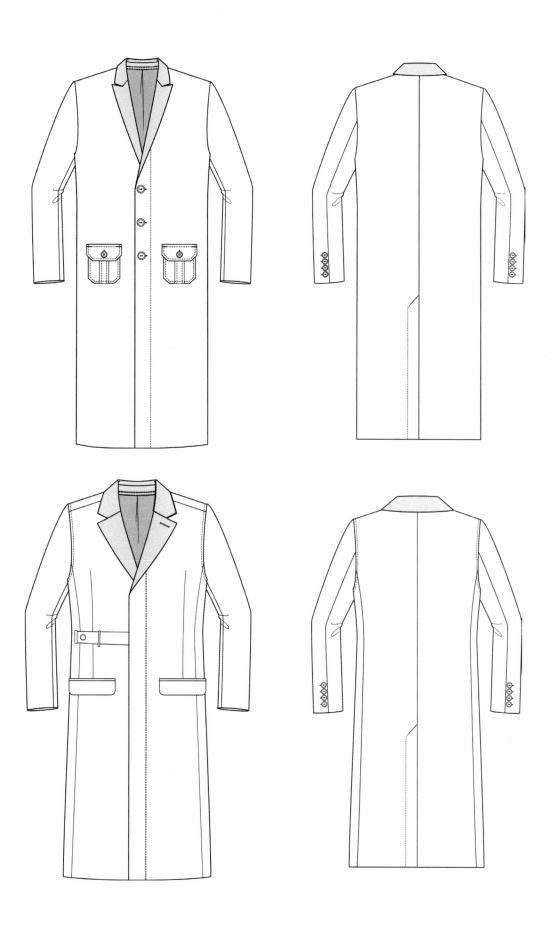

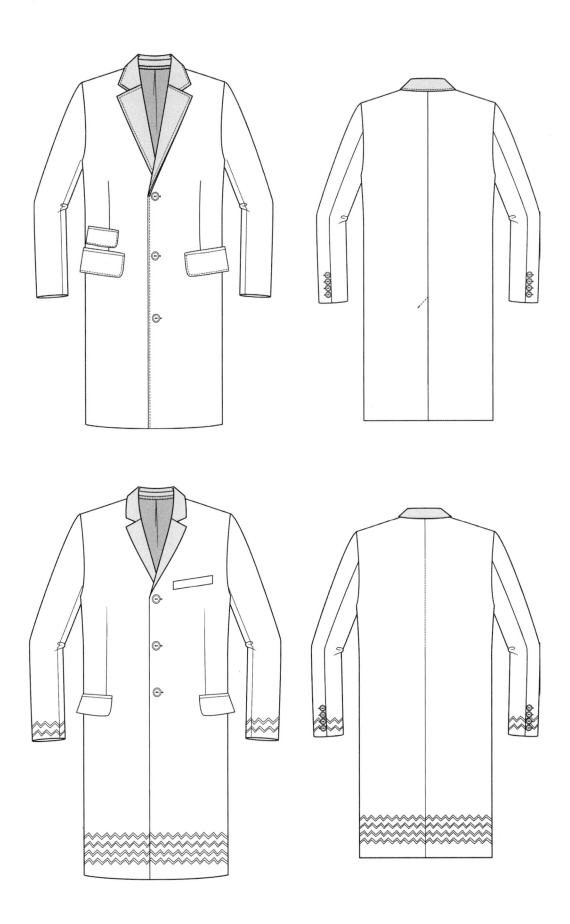

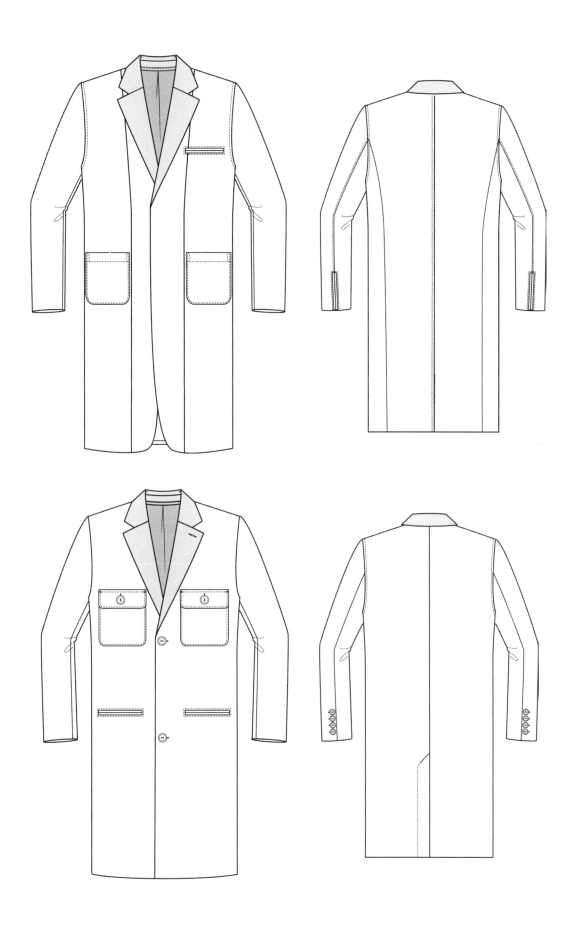

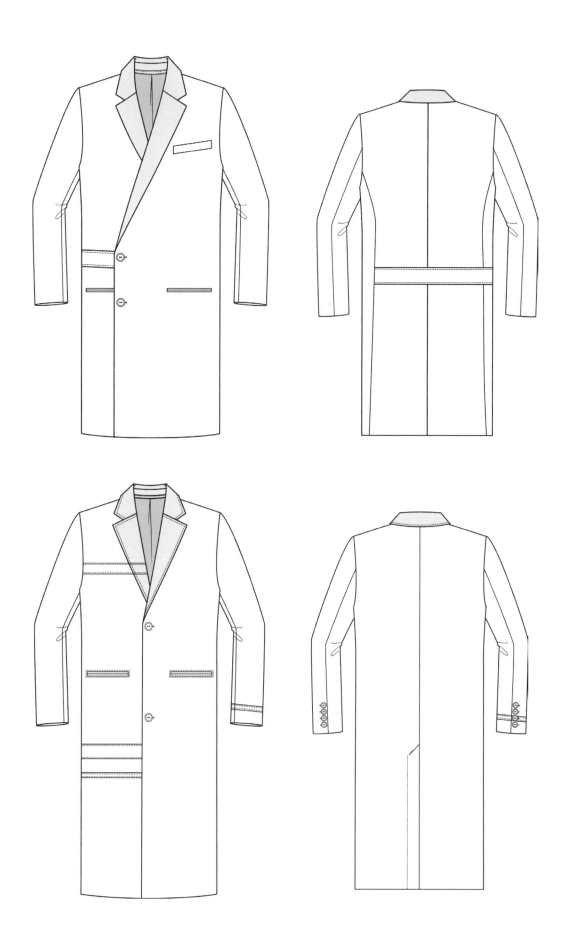

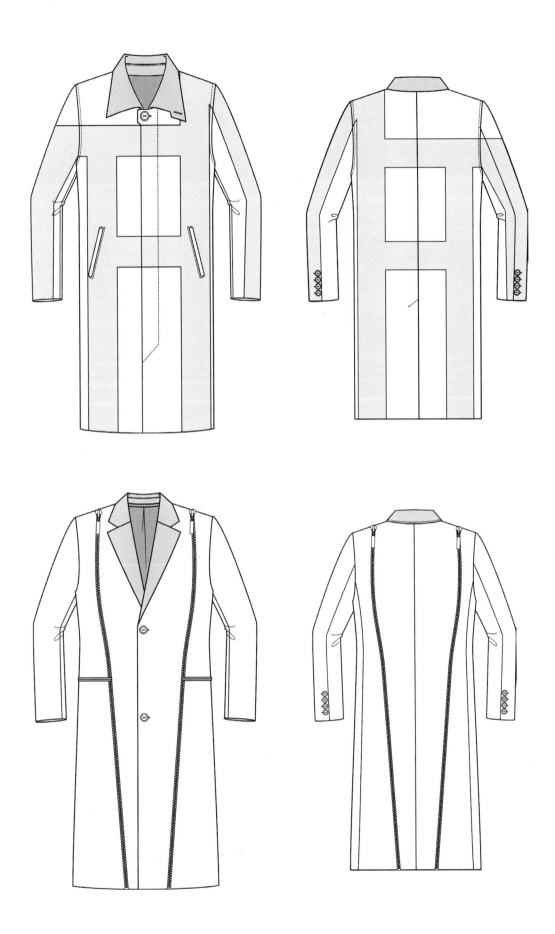

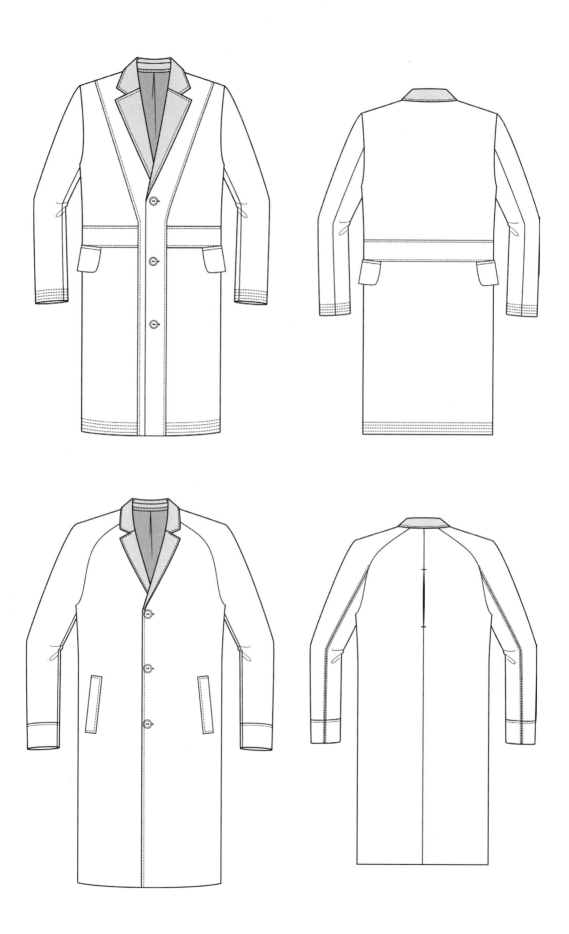

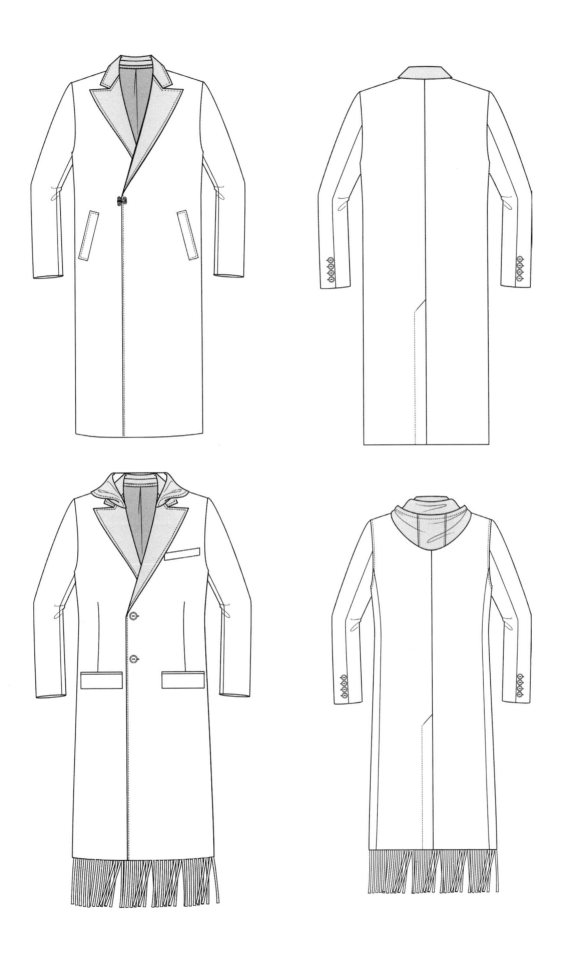

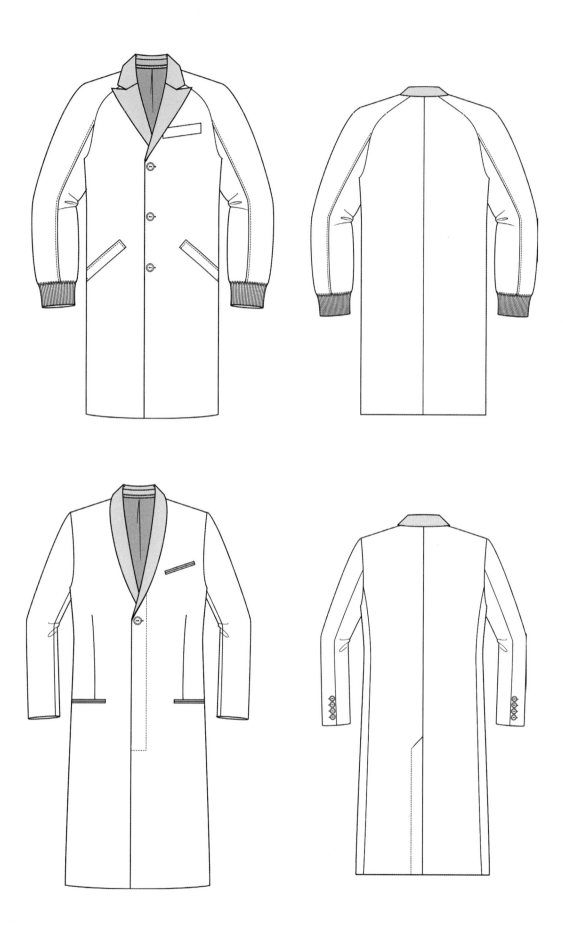

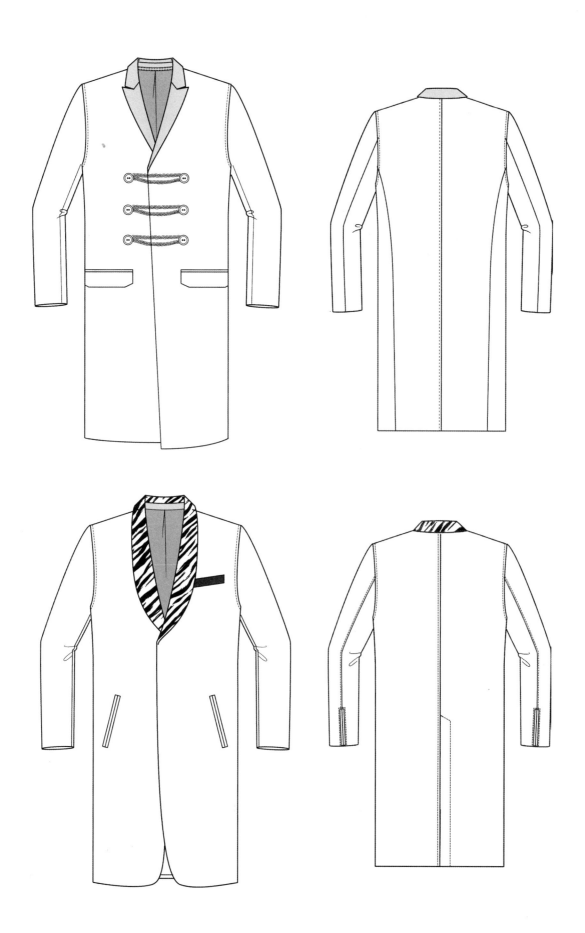

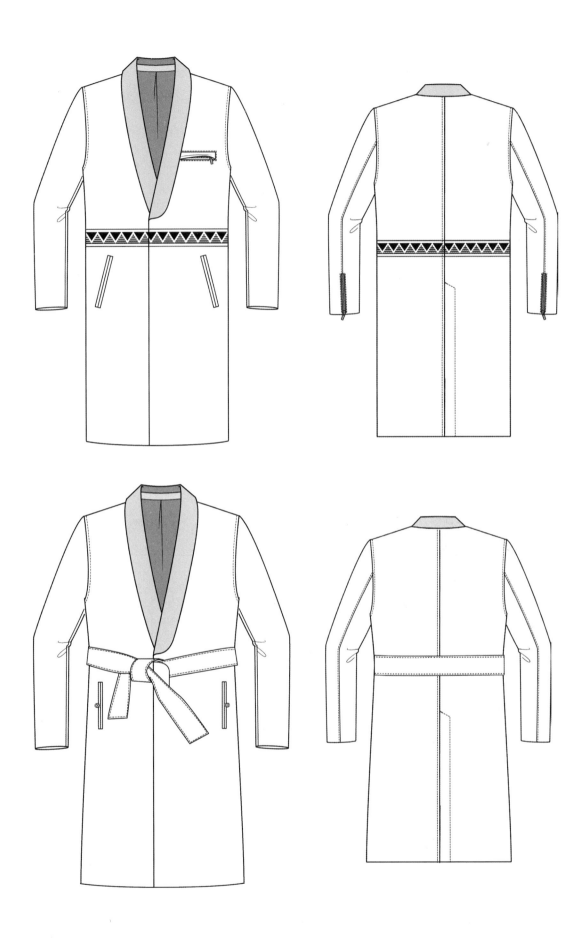

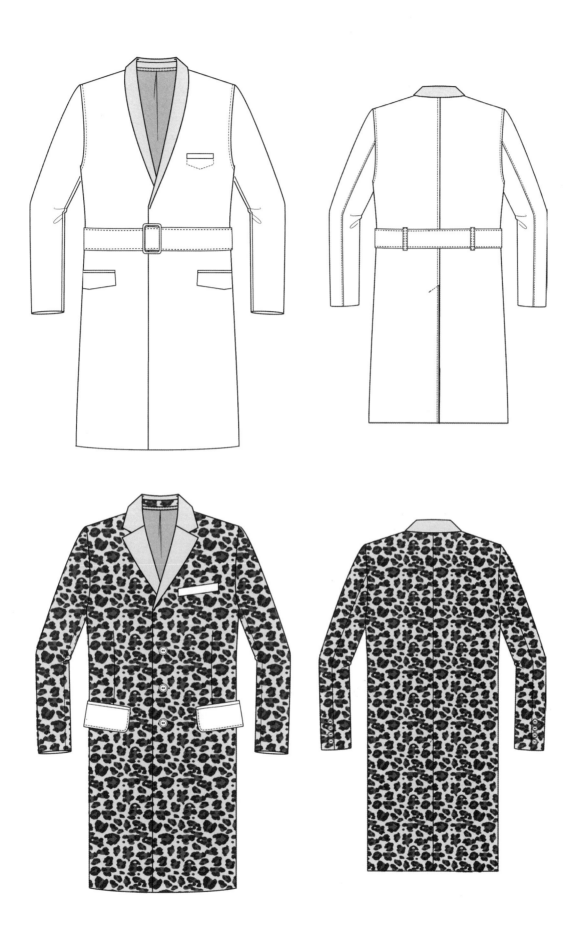

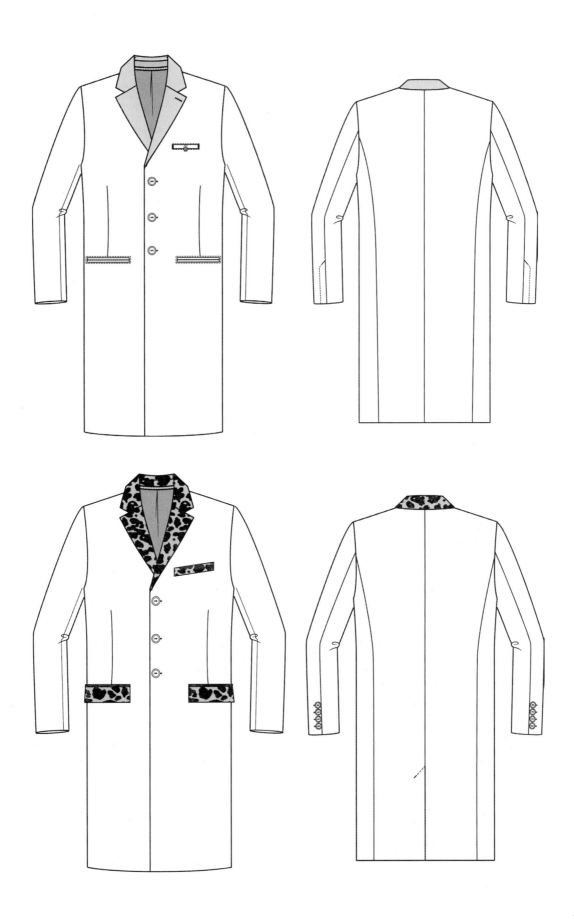

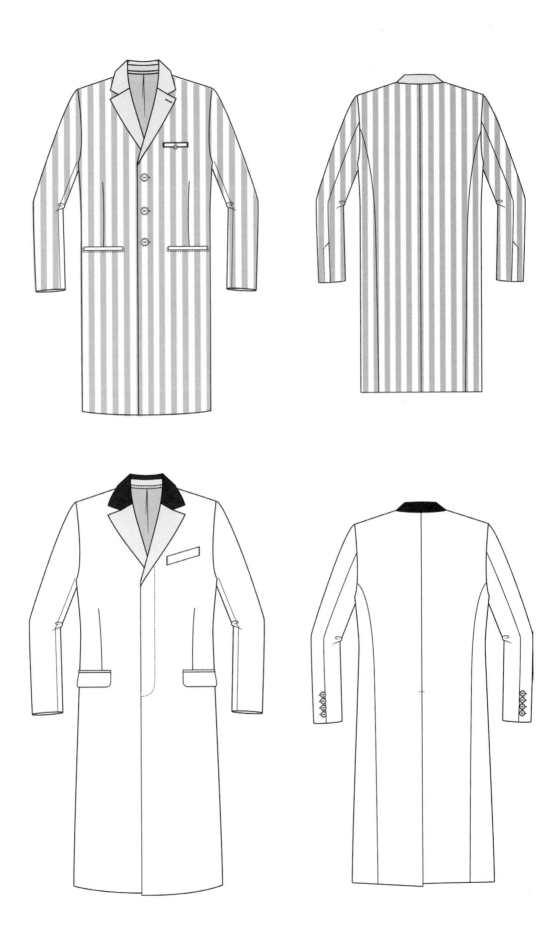

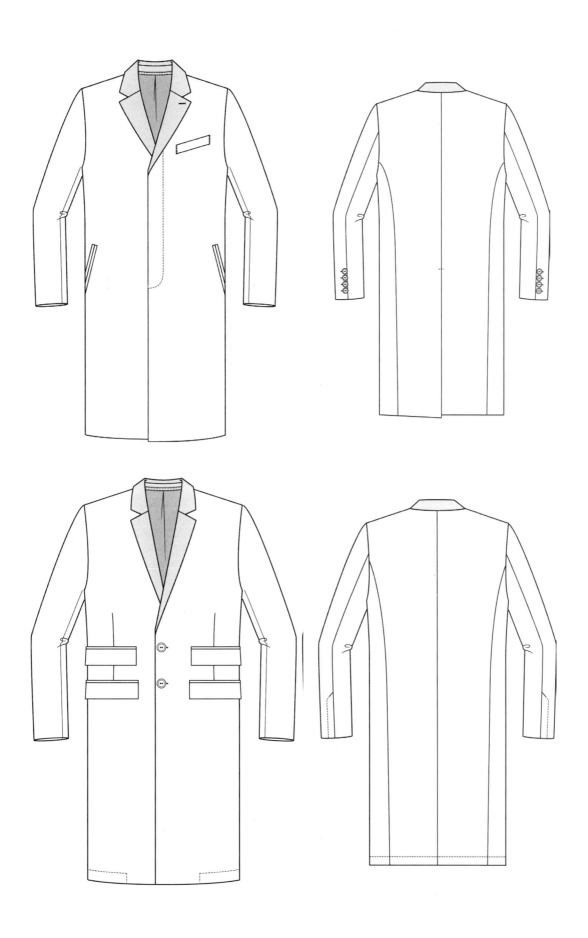

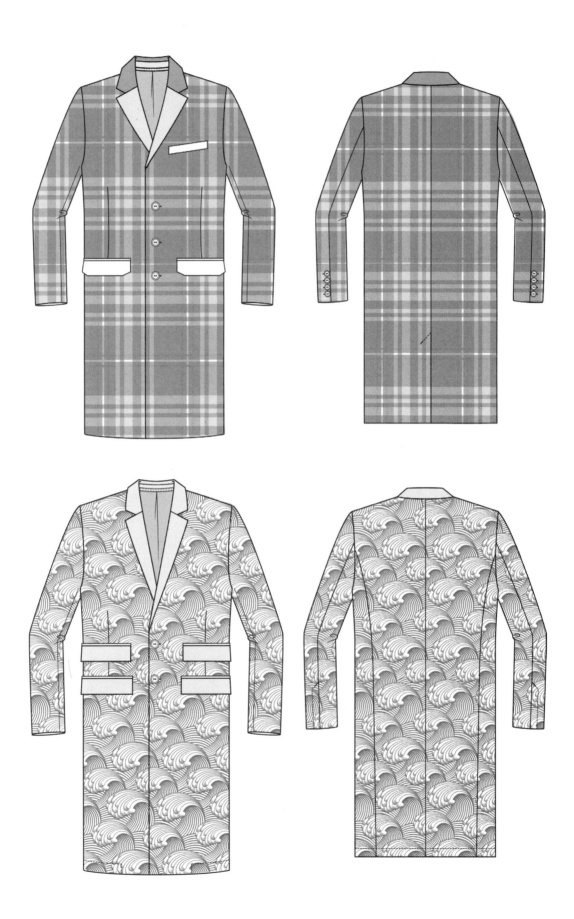

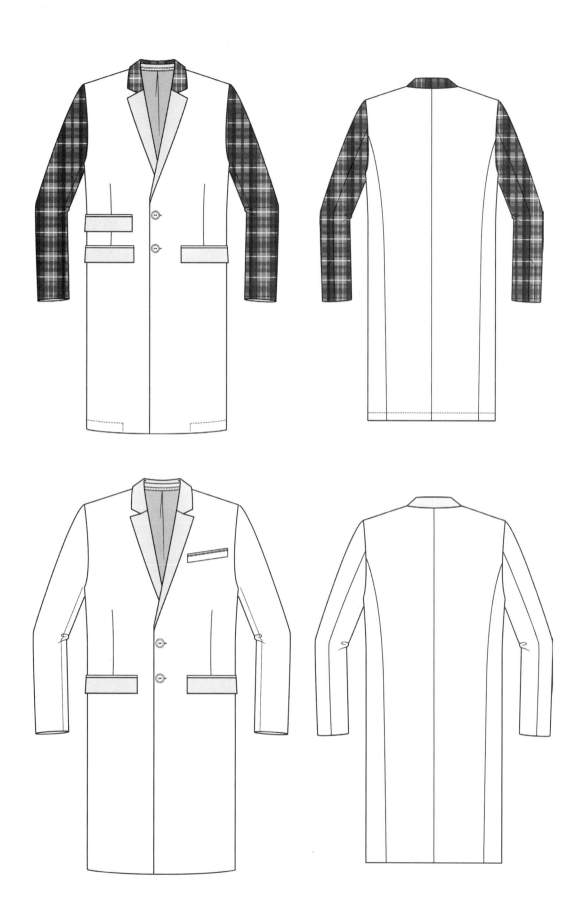

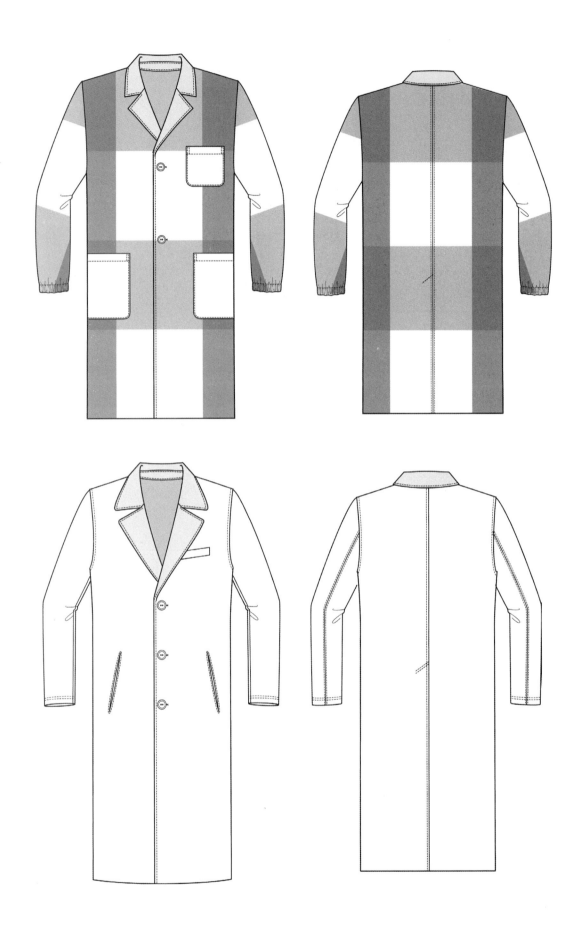

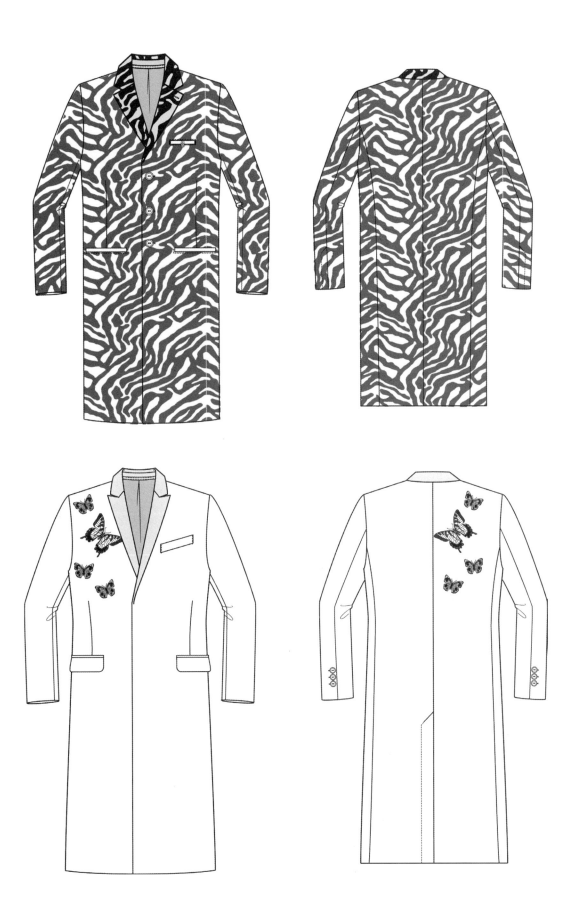

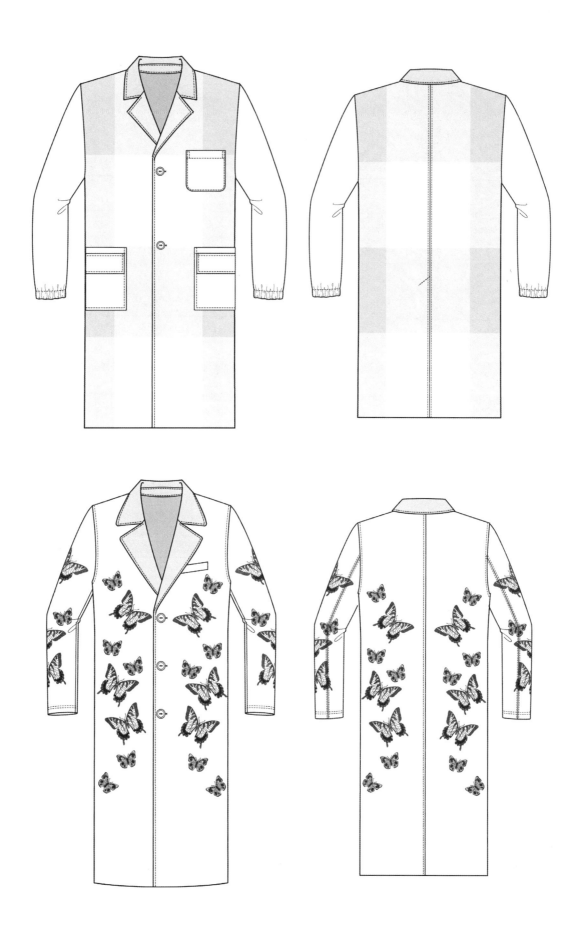

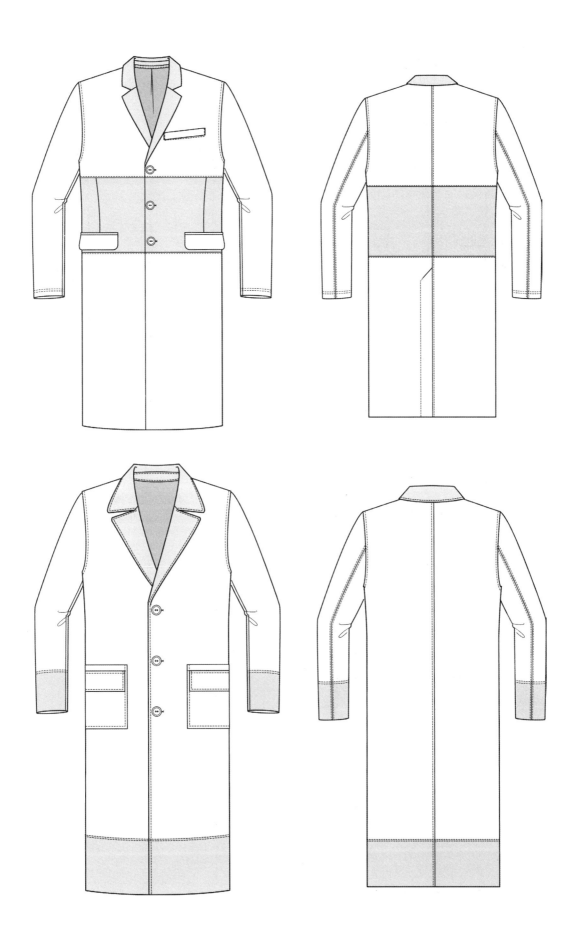

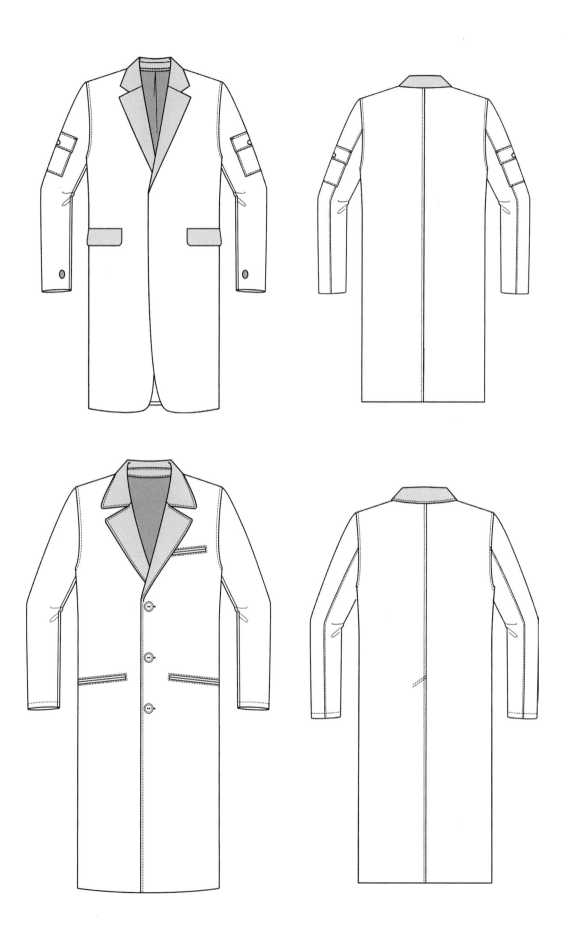

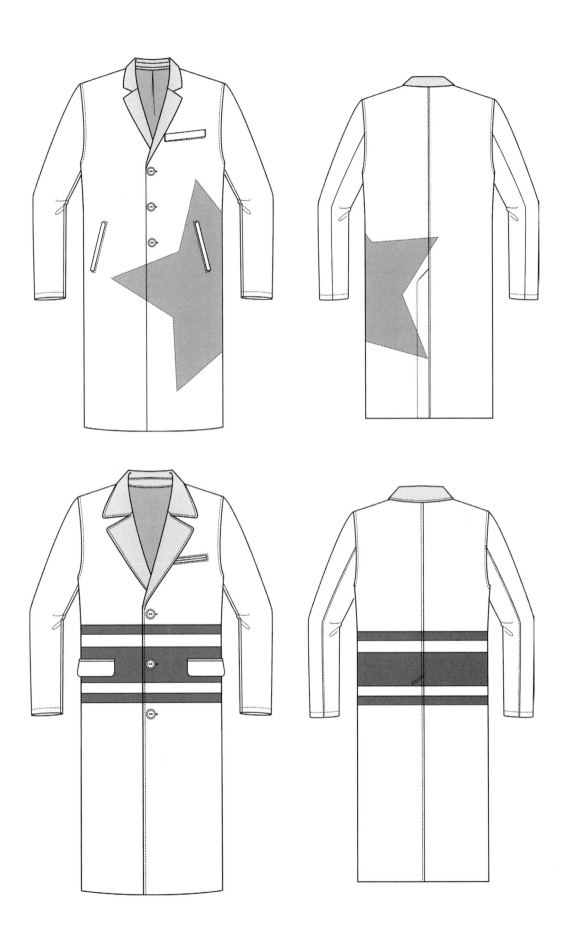

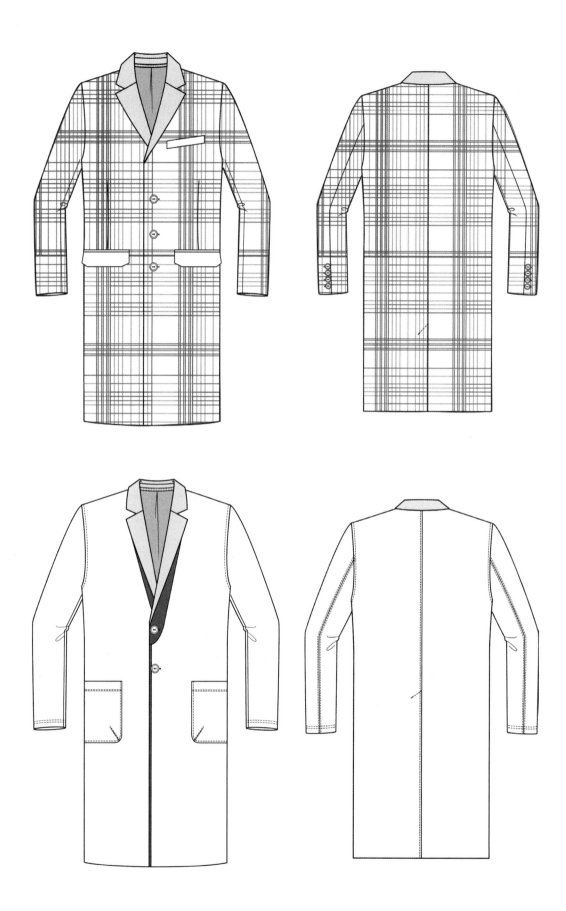

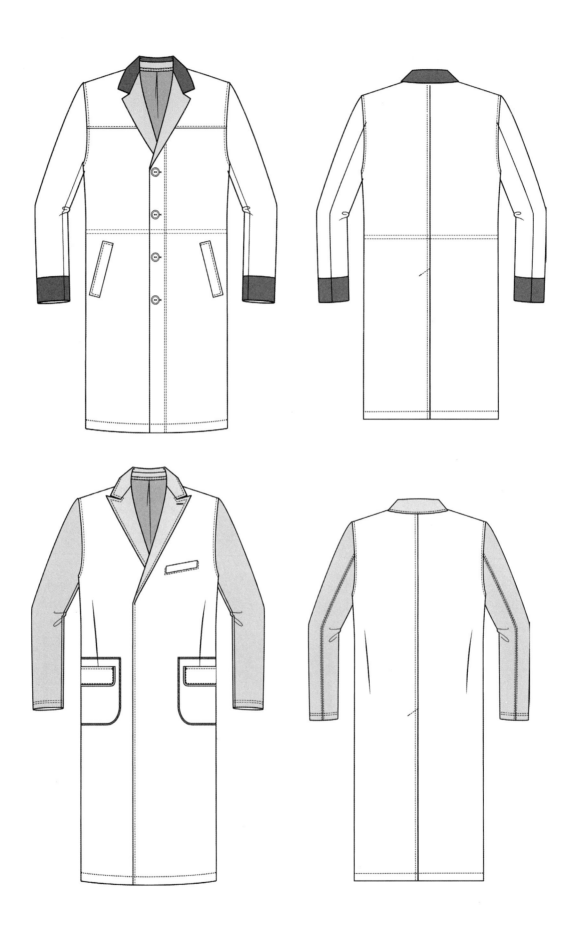

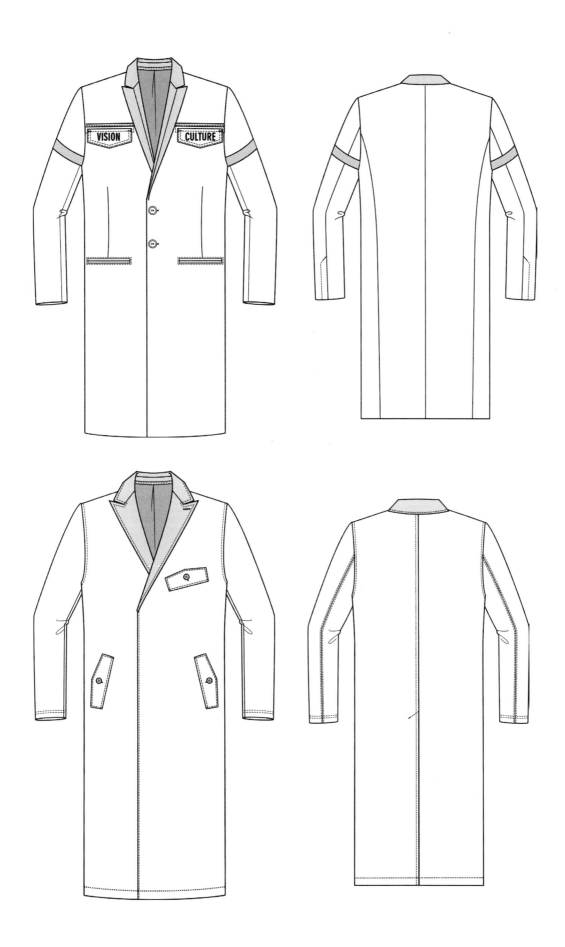

VISION CULTURE

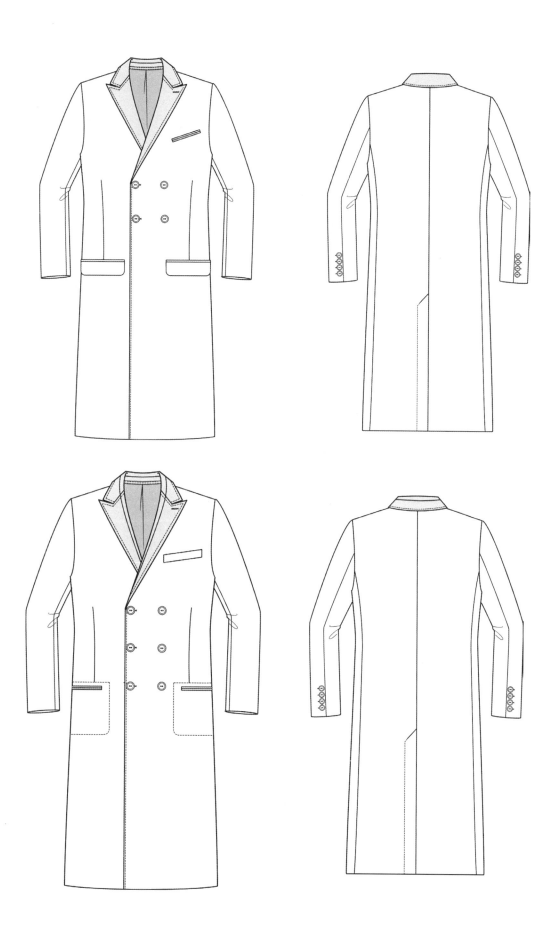

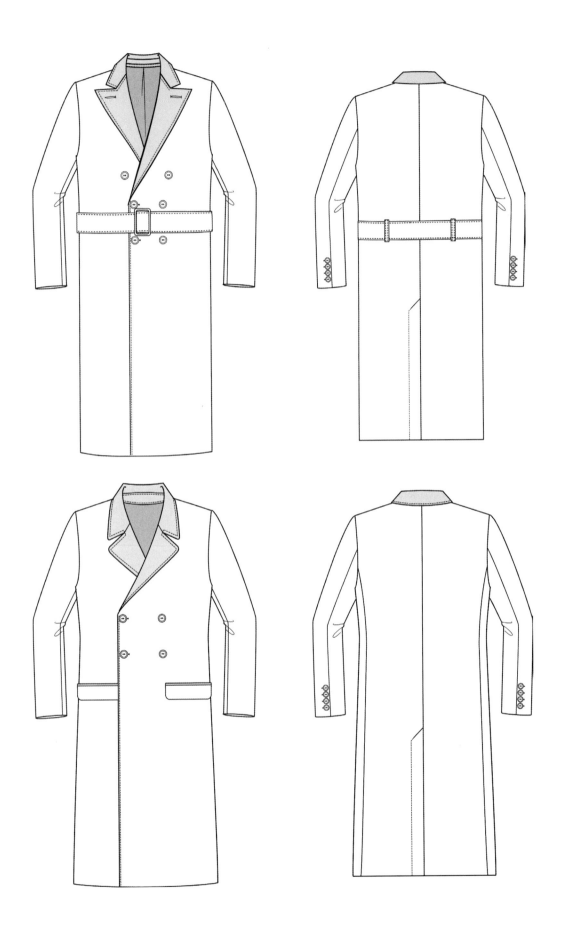

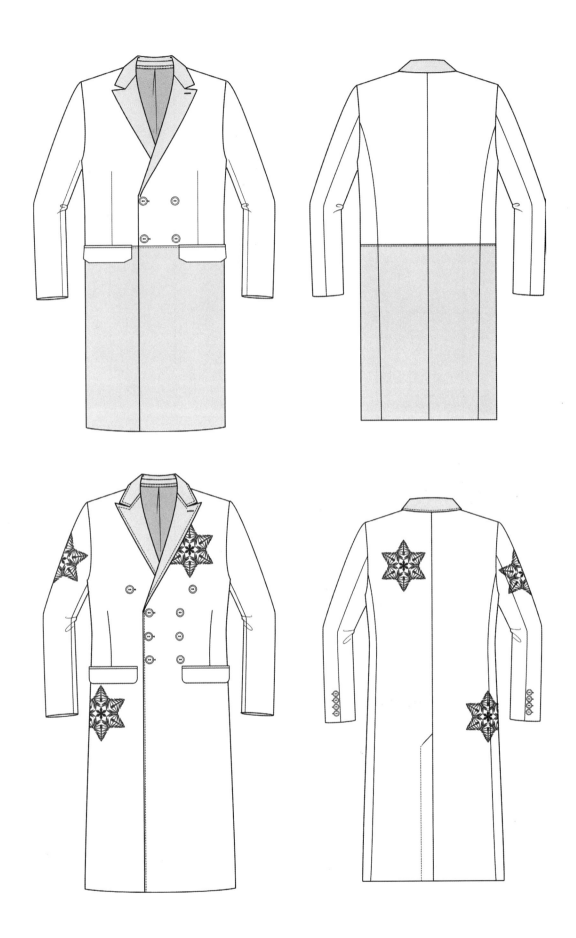

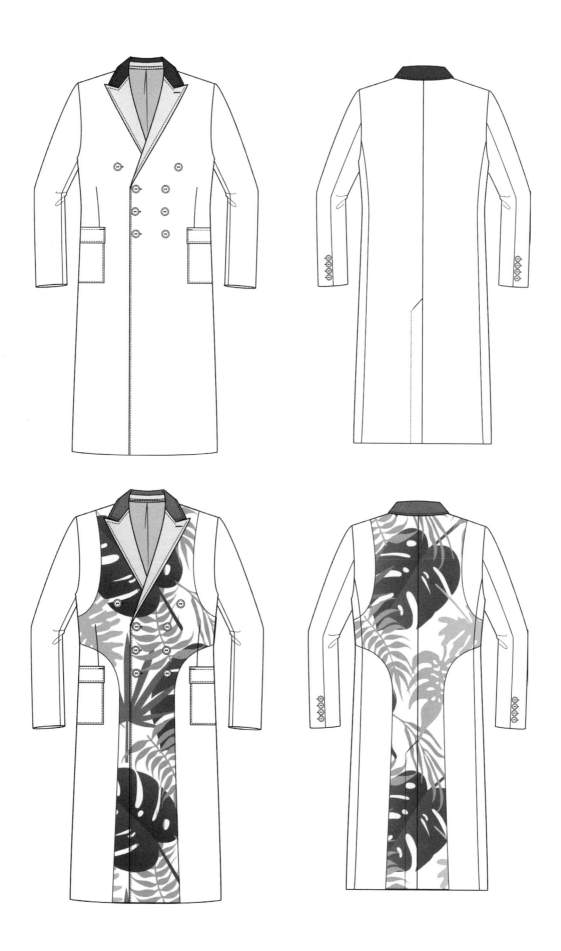

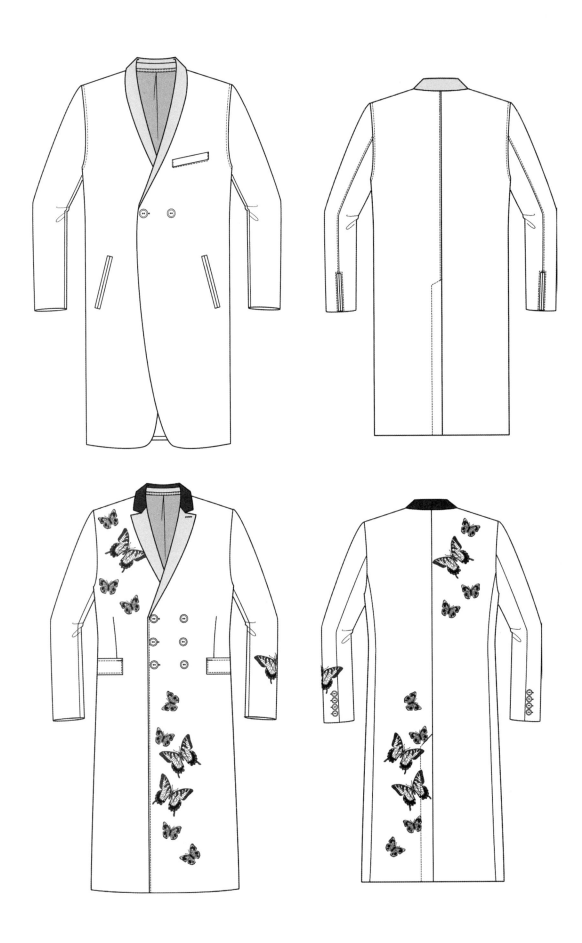

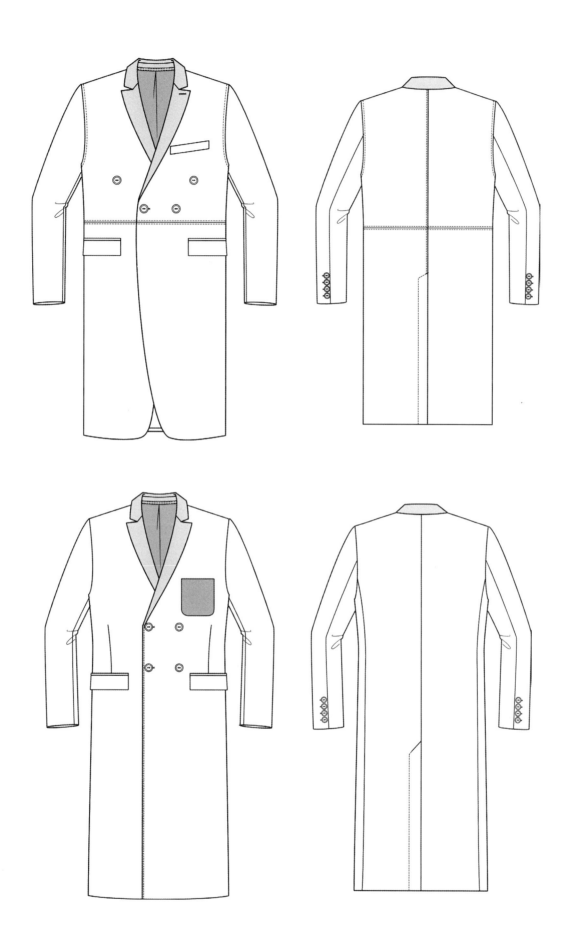

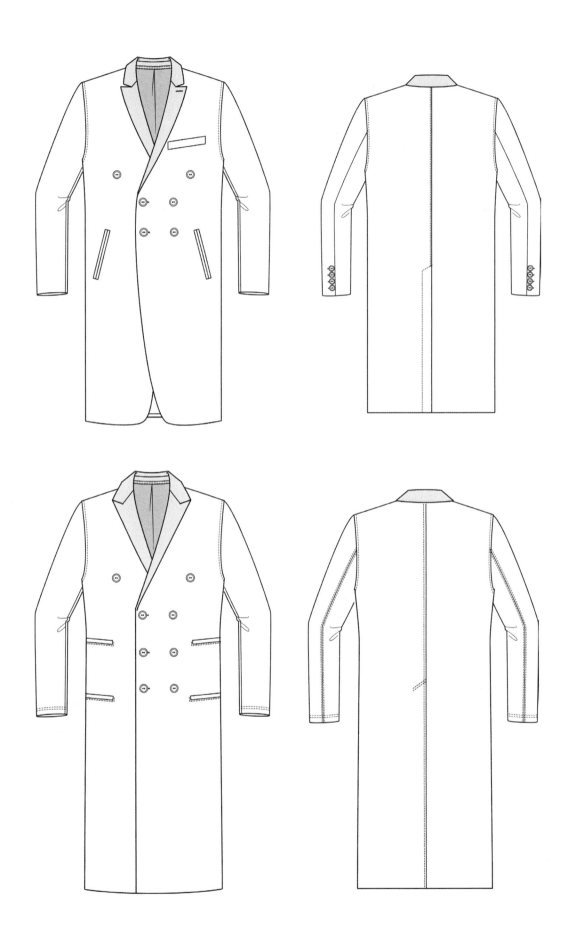

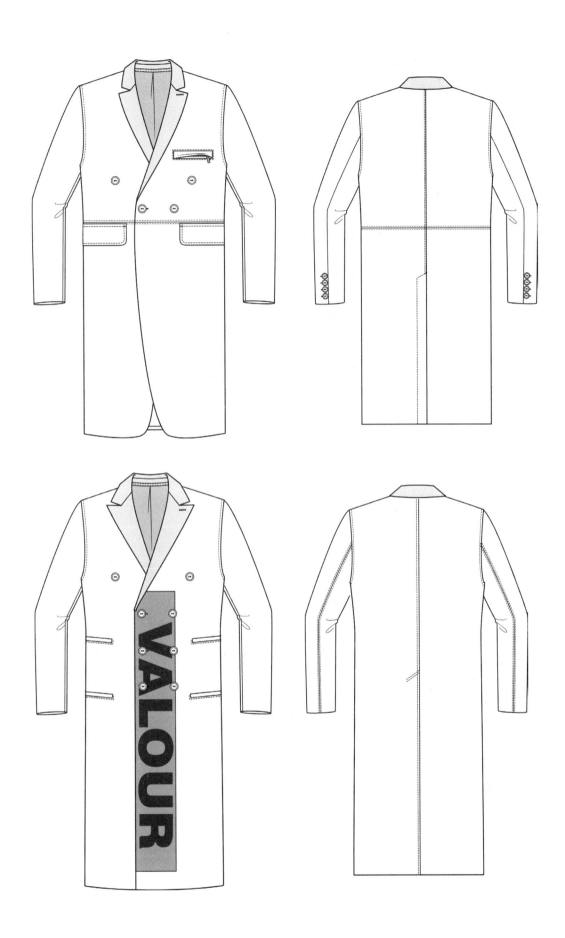

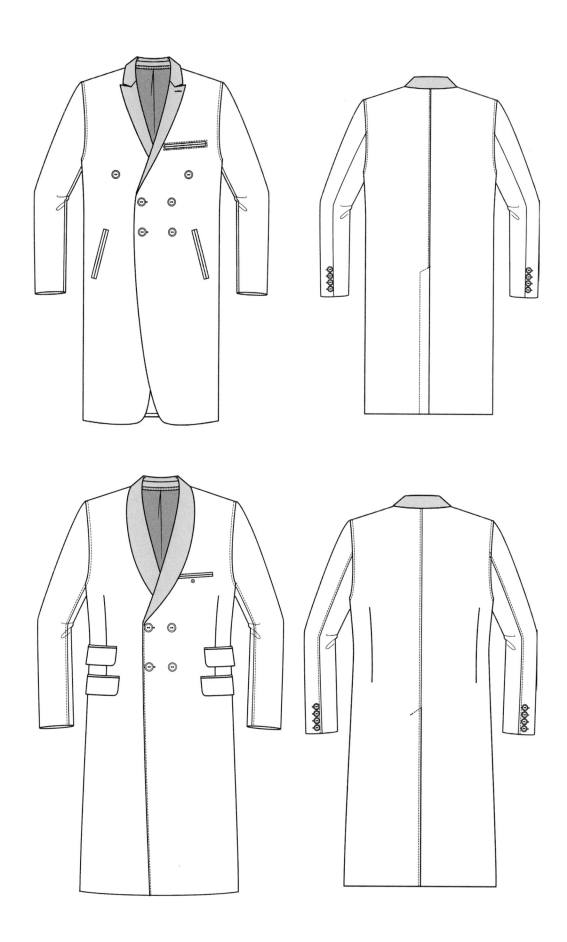

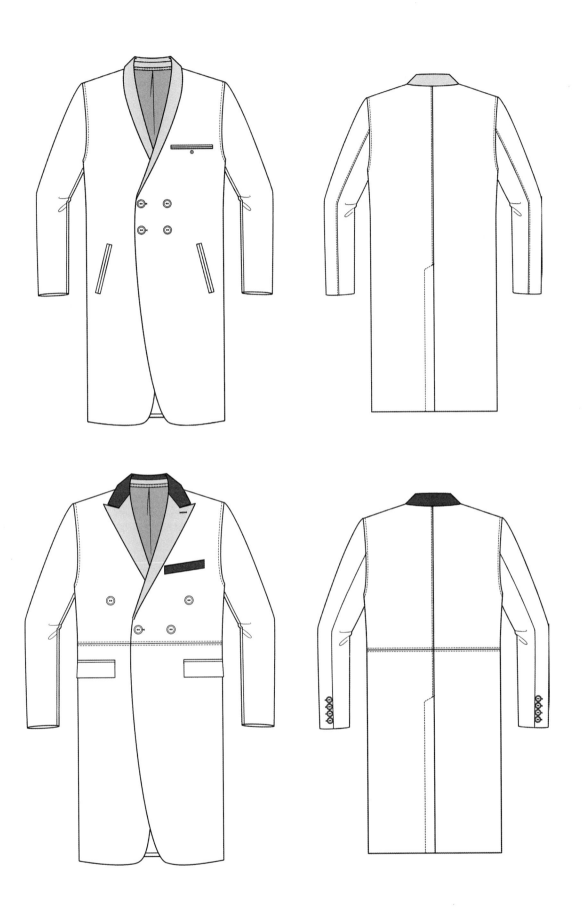

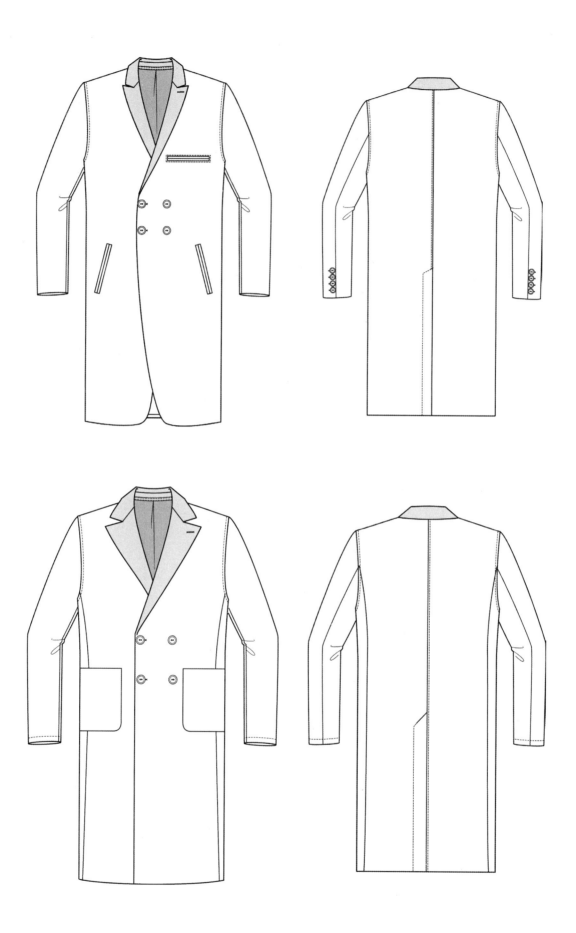

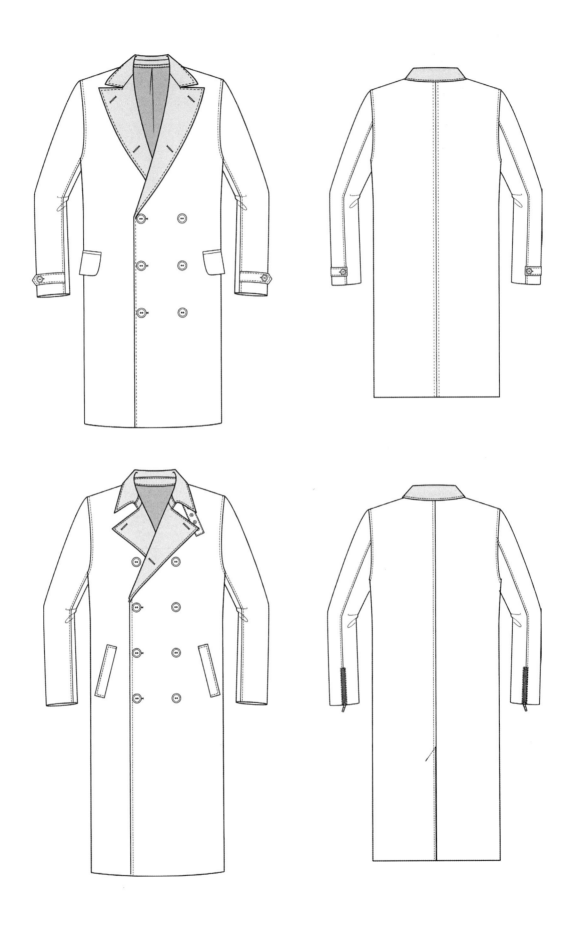

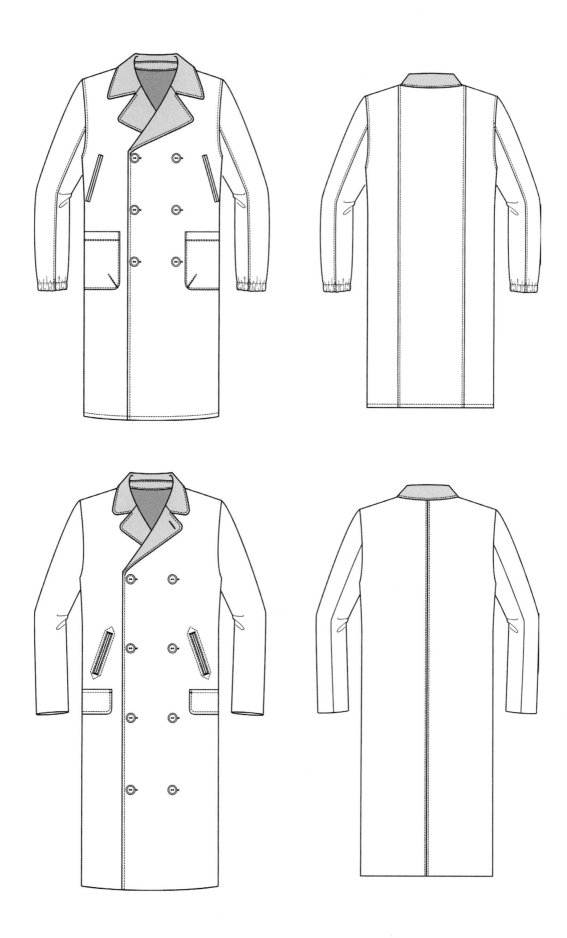

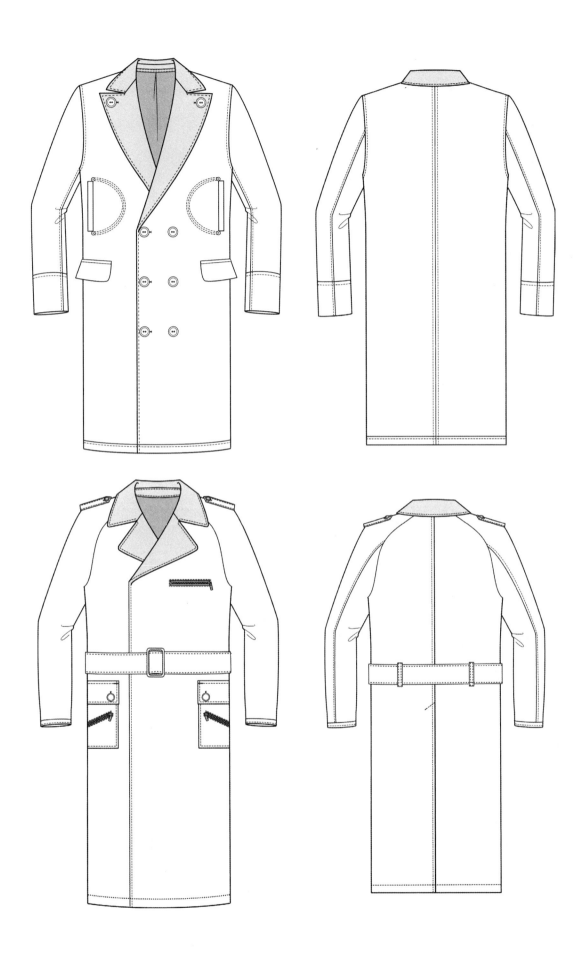

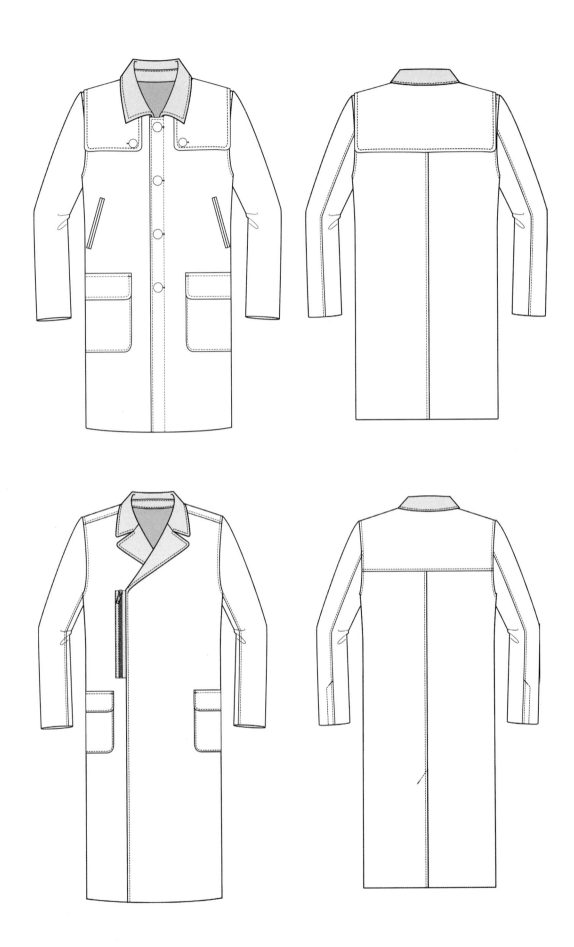

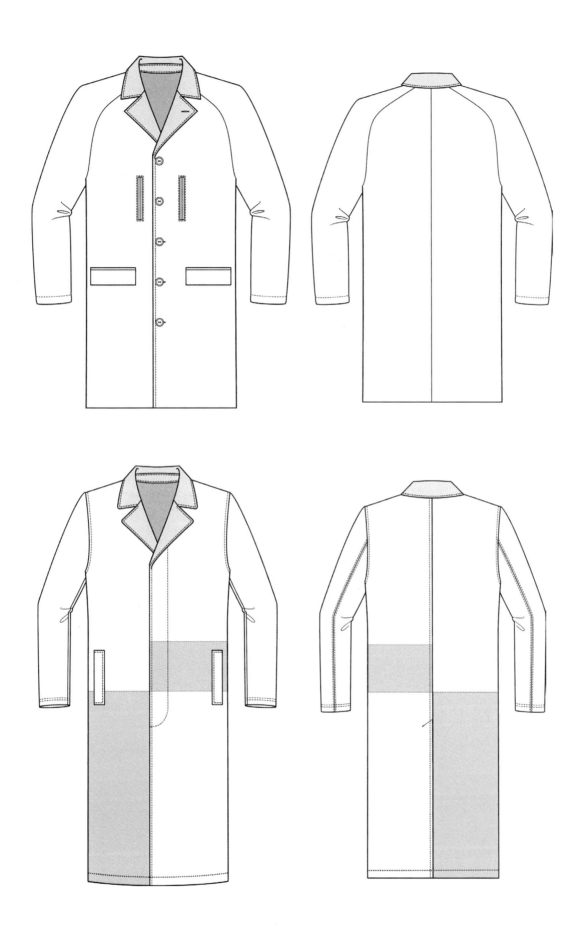

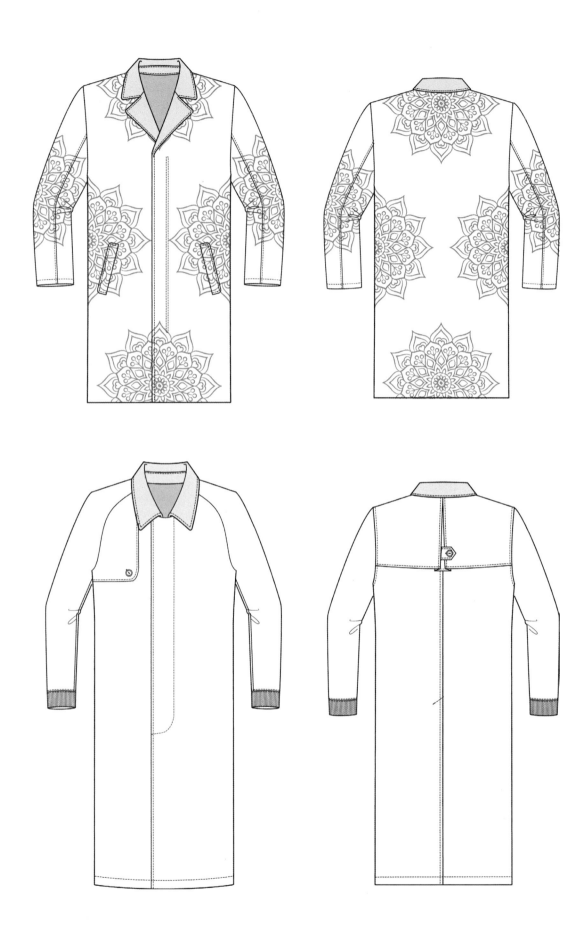

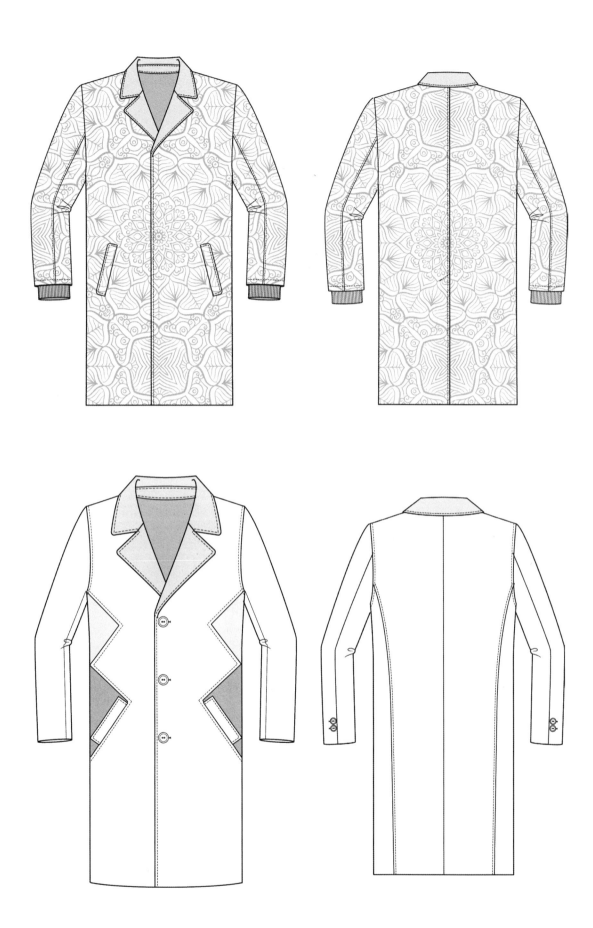

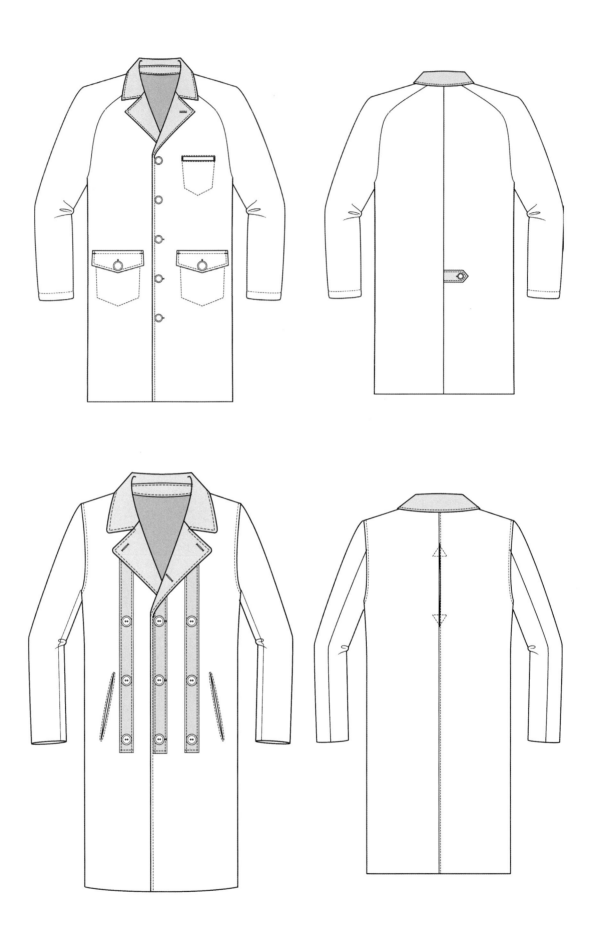

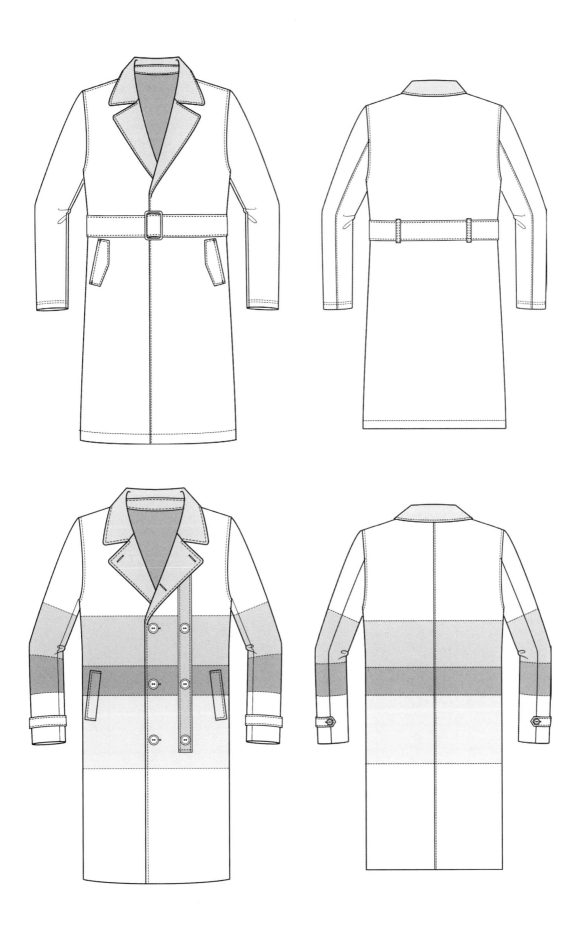

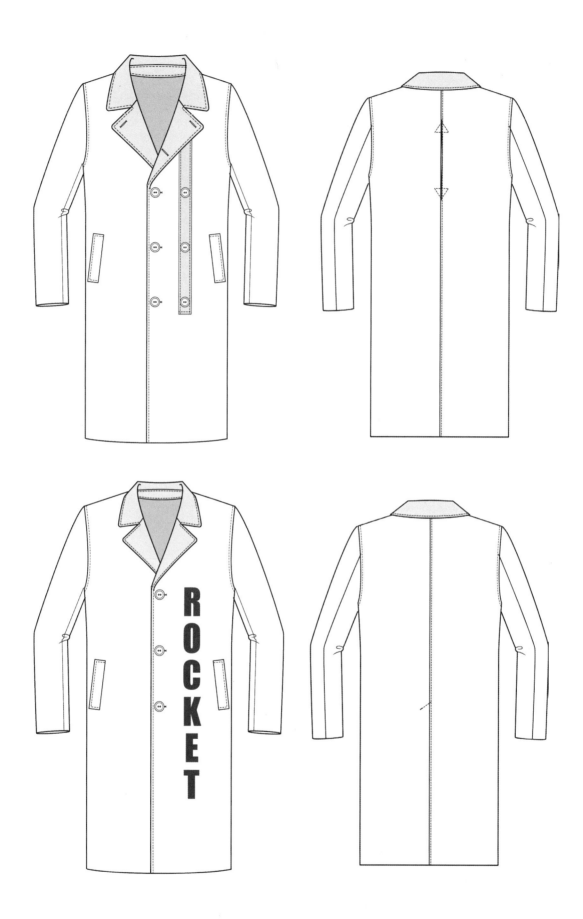

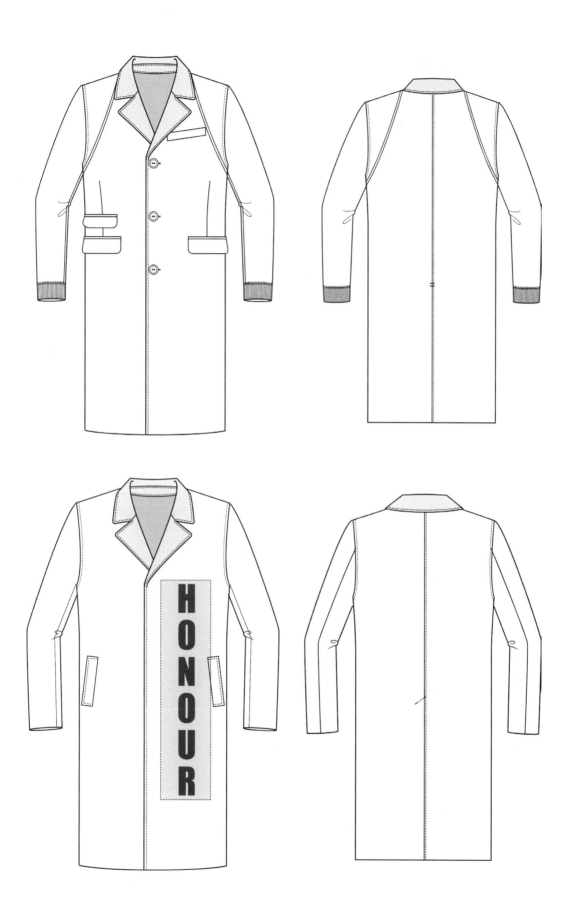

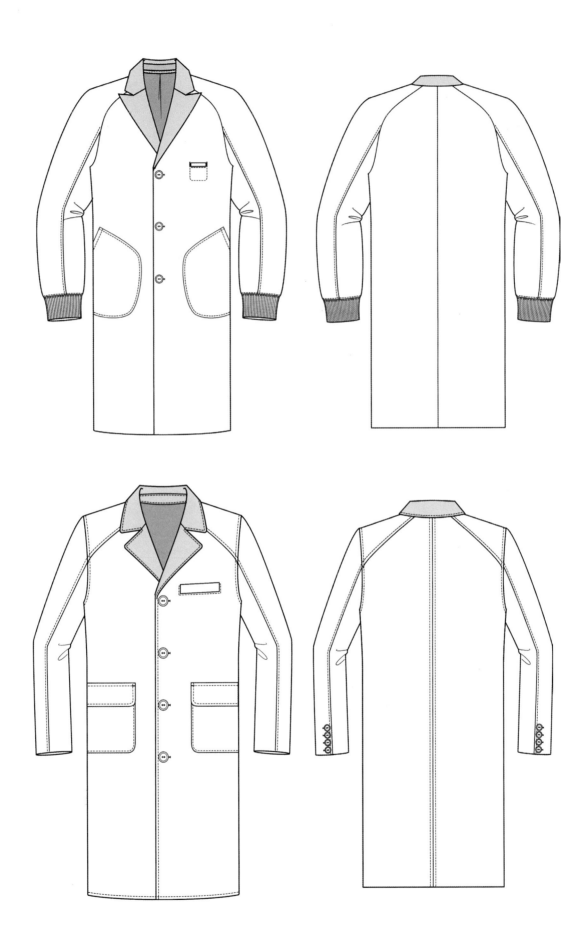

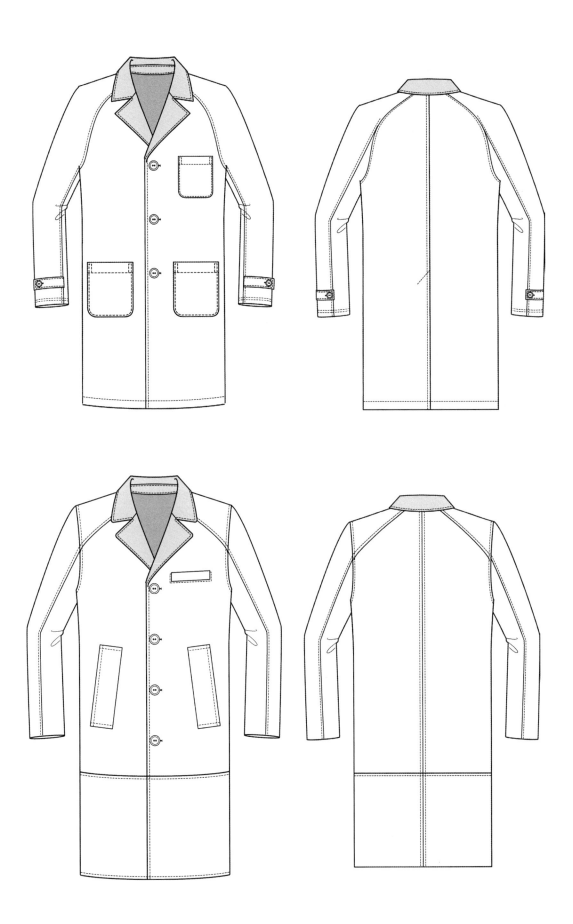

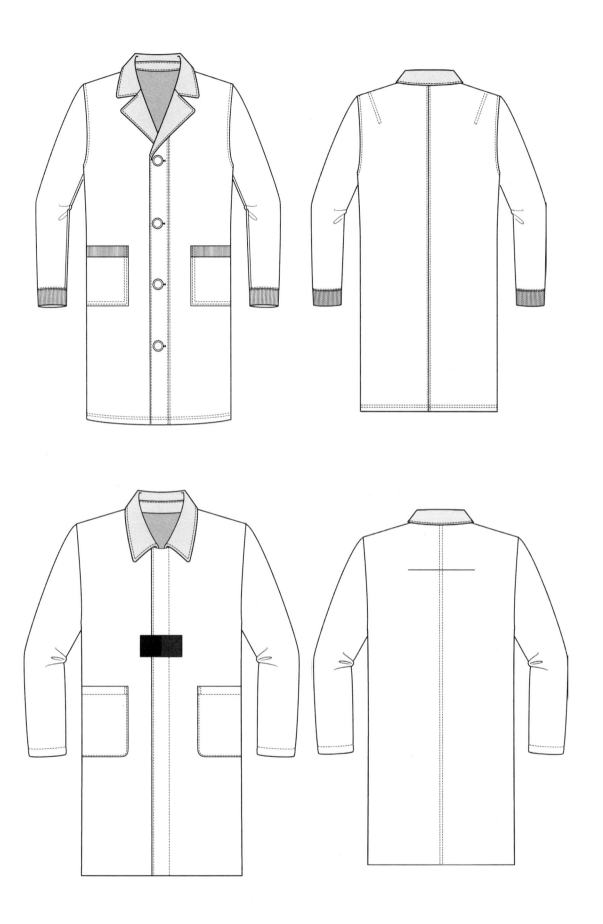

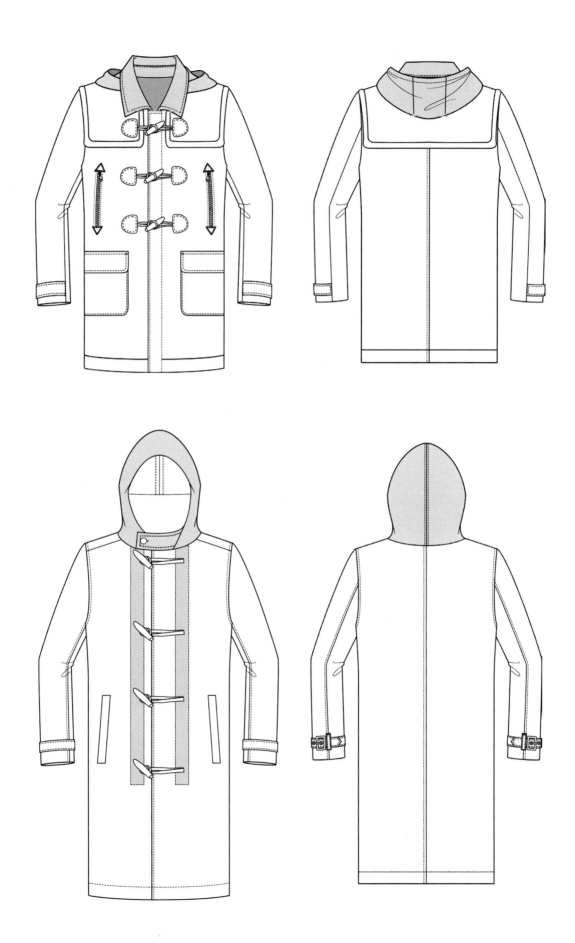

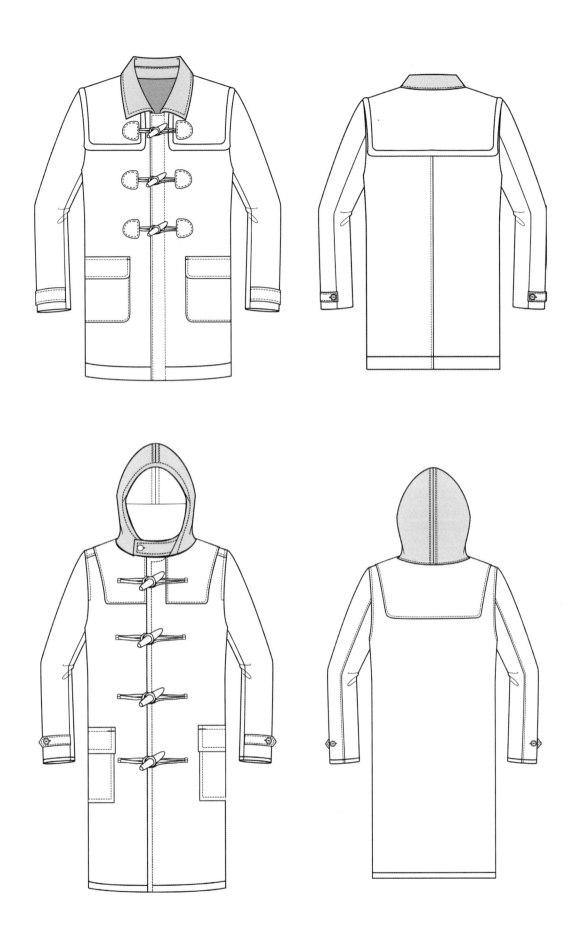

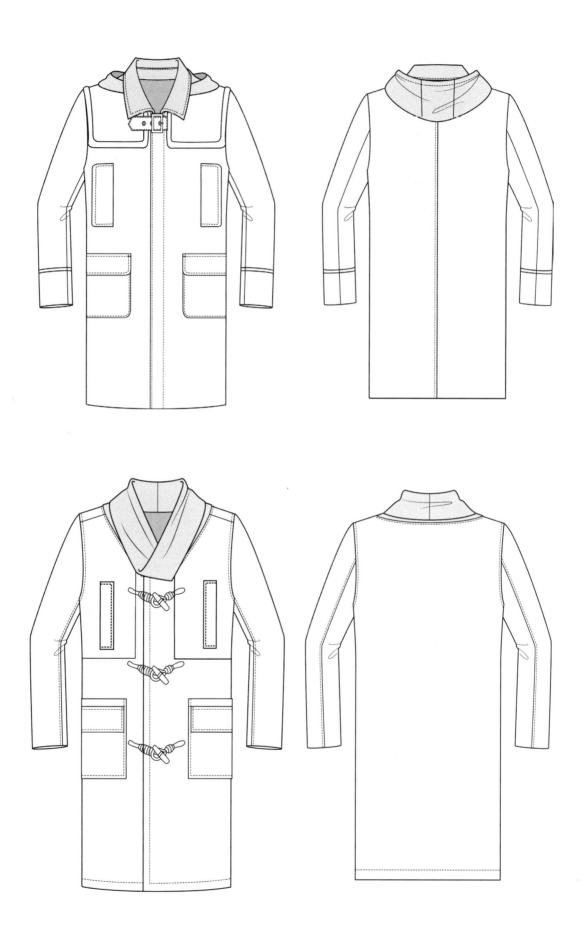

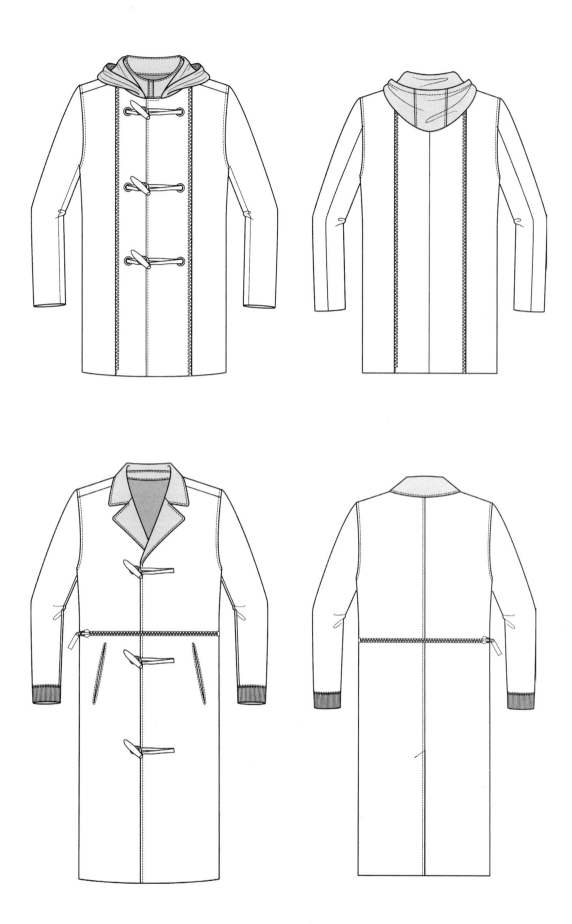

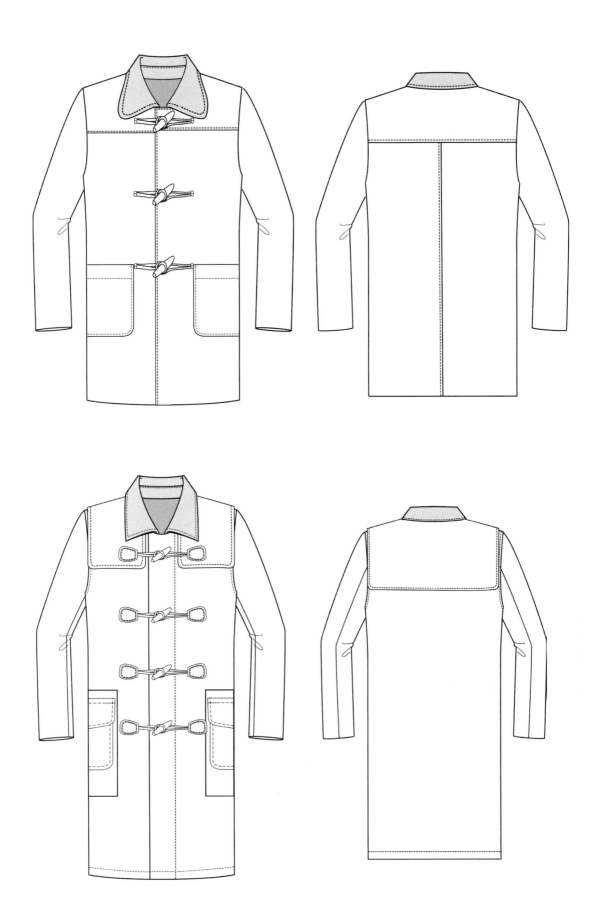

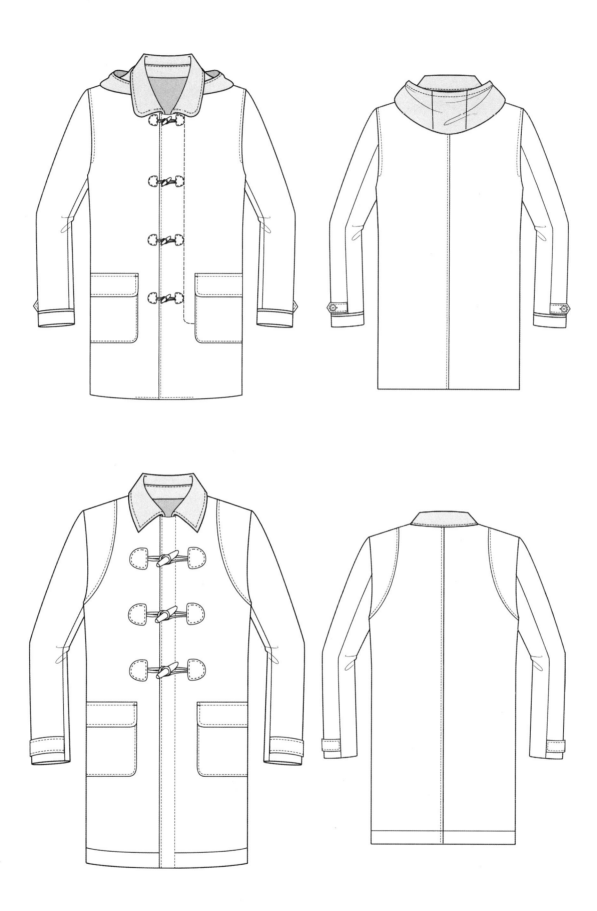

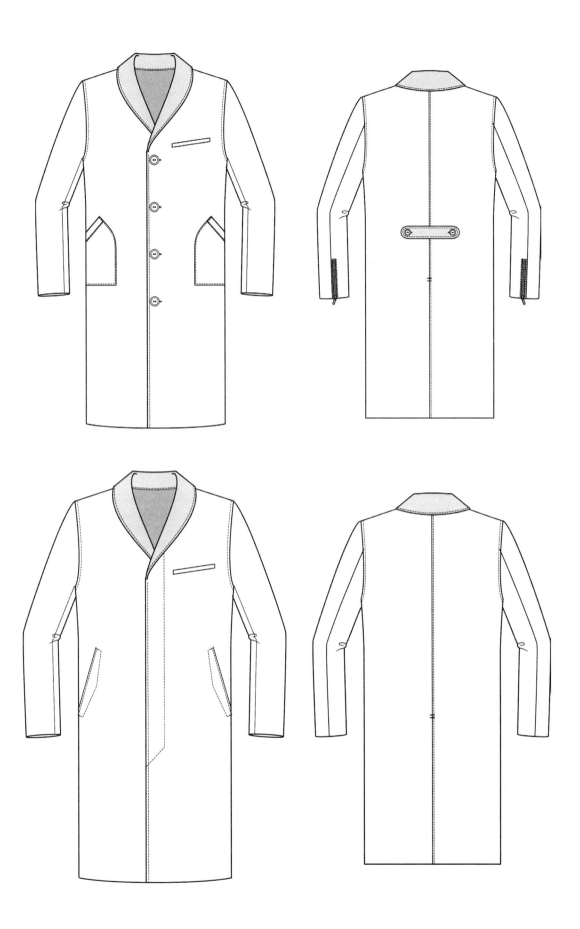

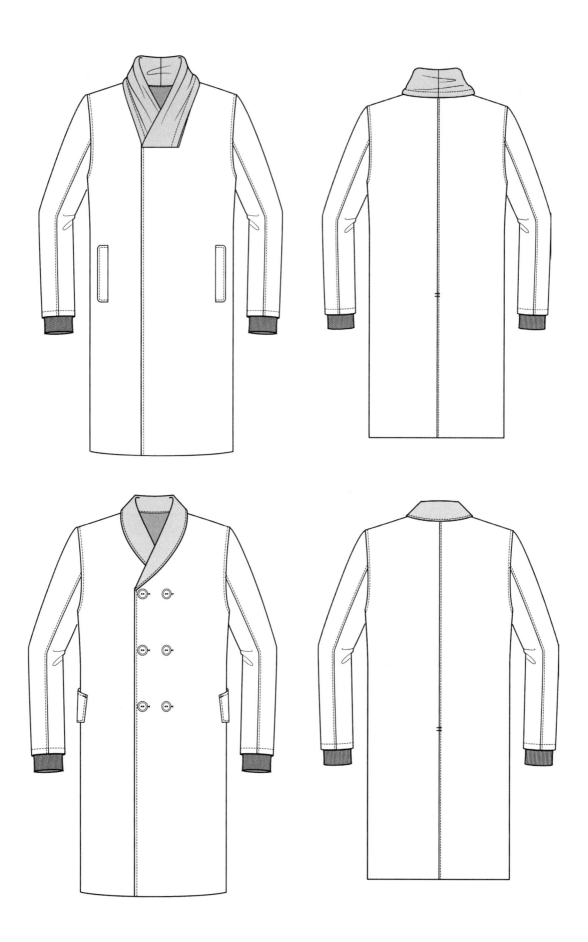

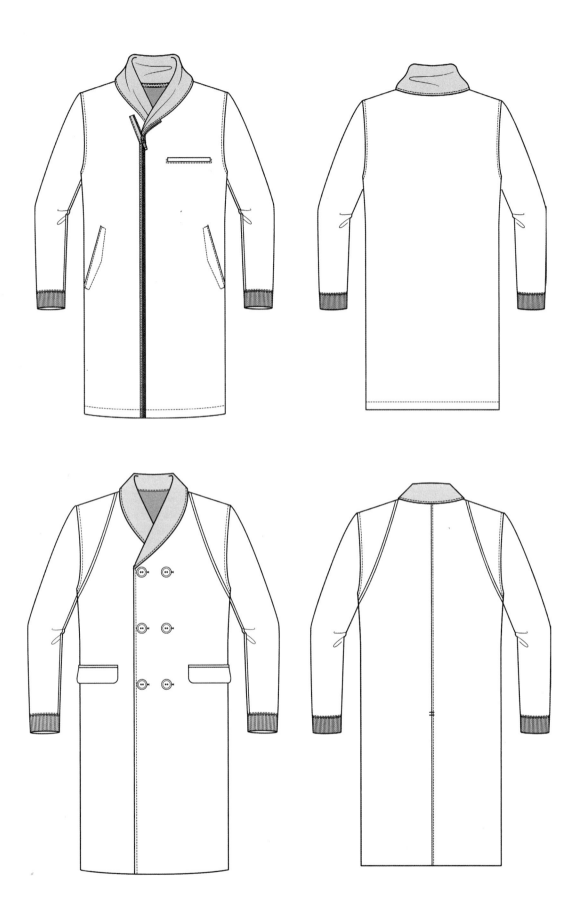

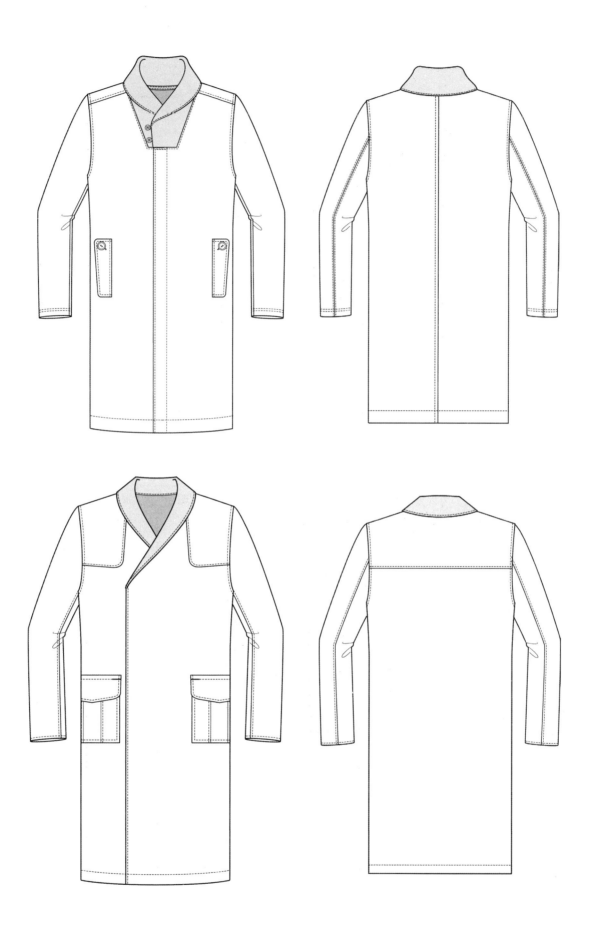

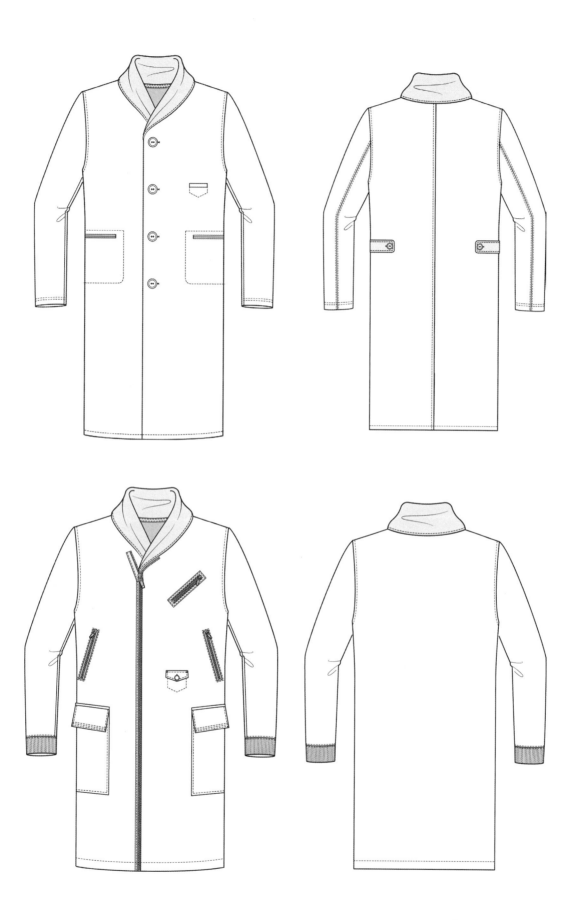

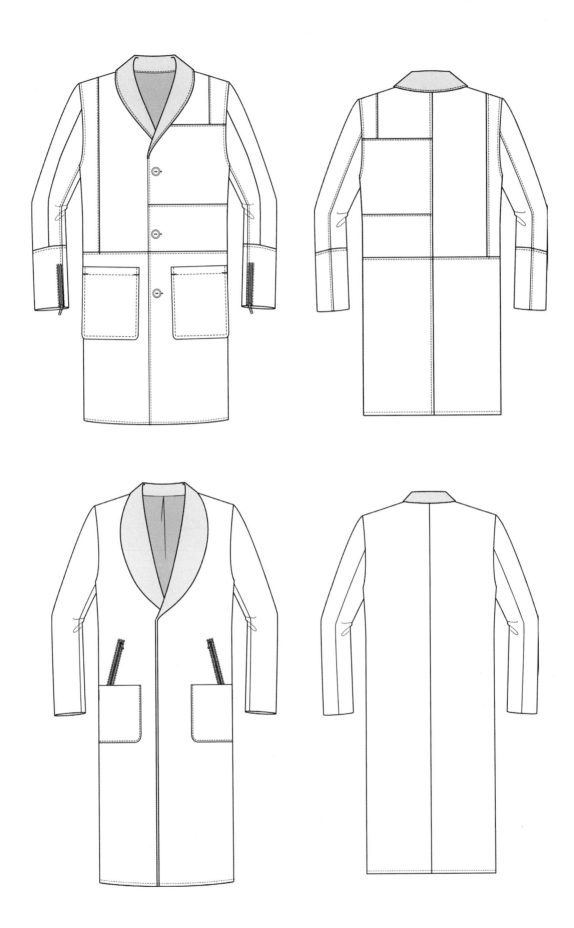

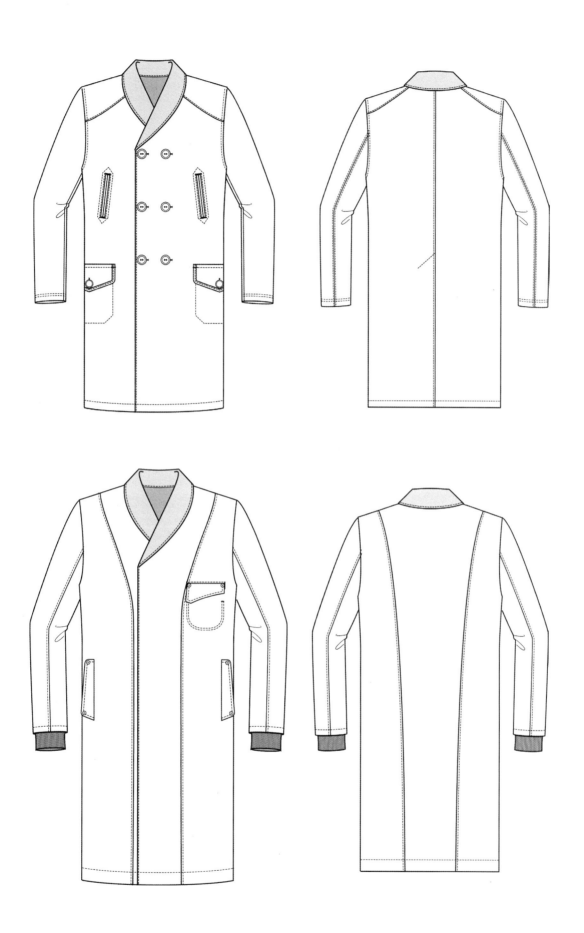

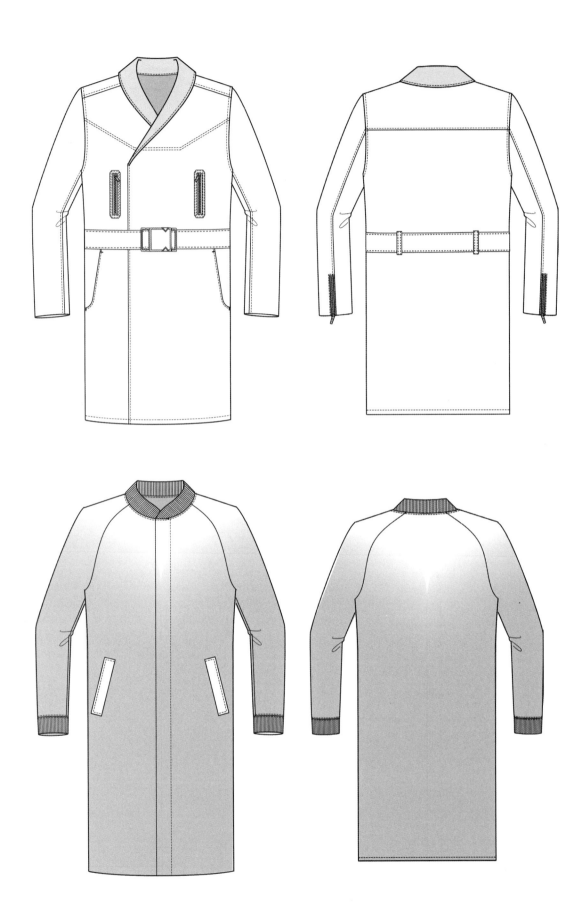

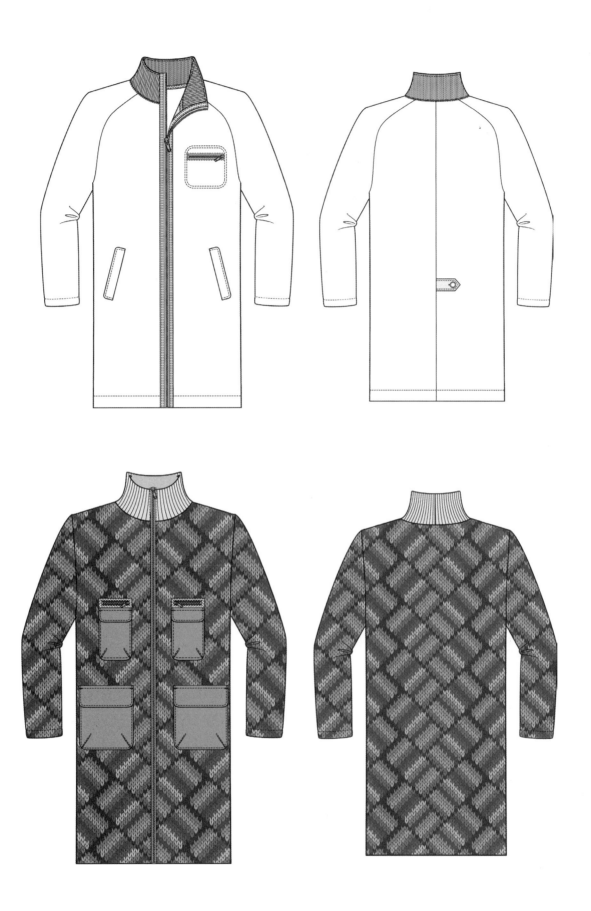

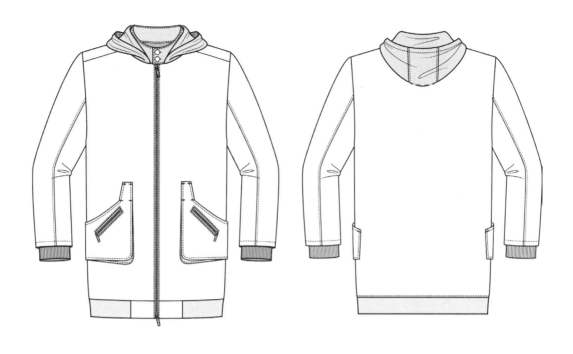

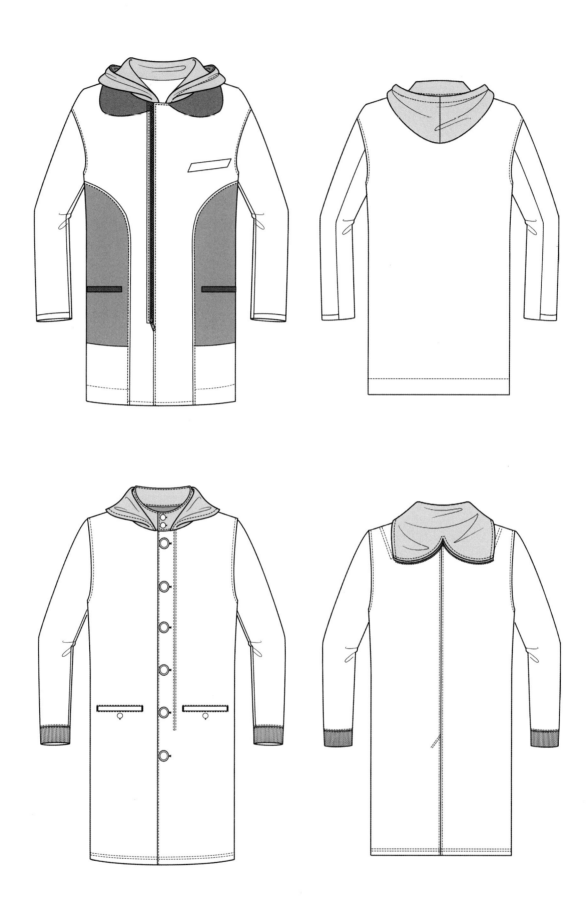

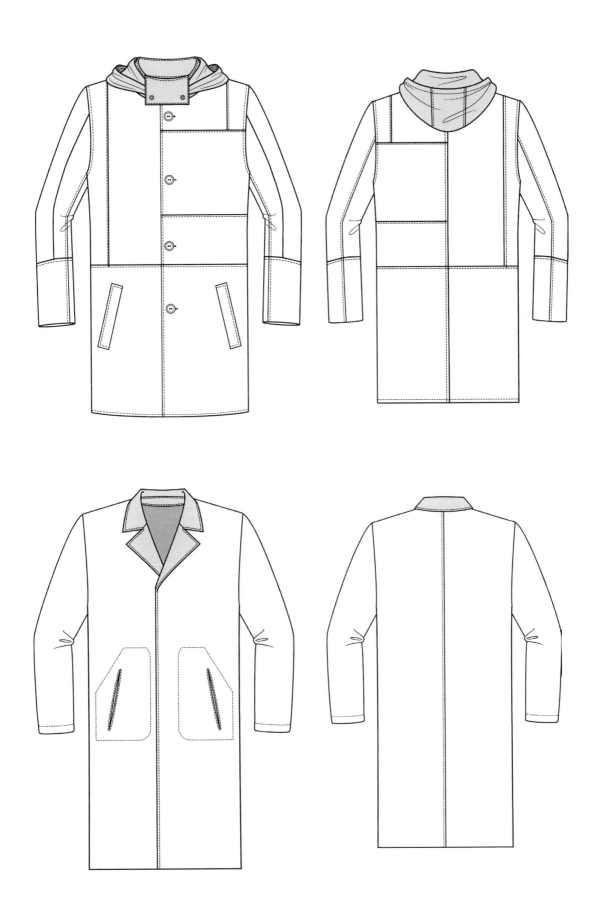

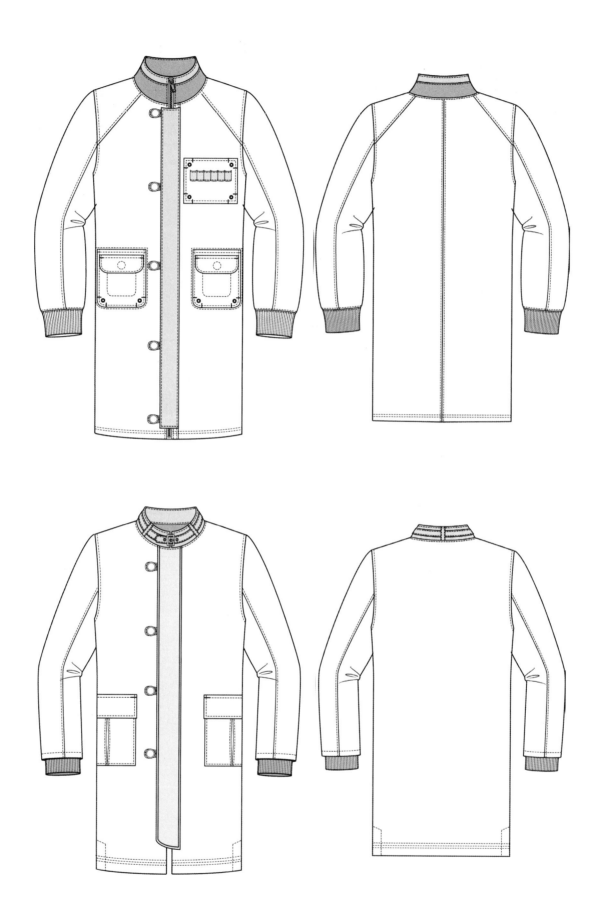

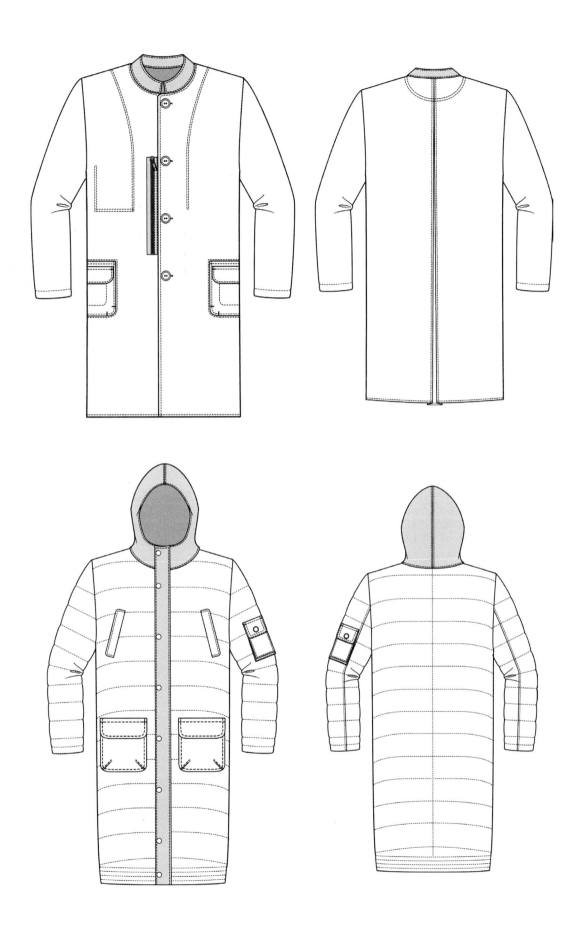

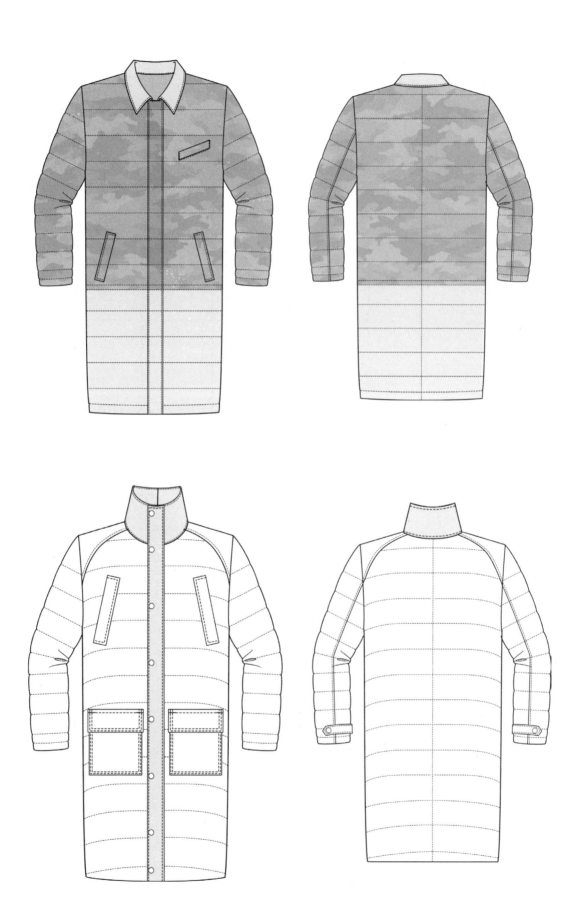

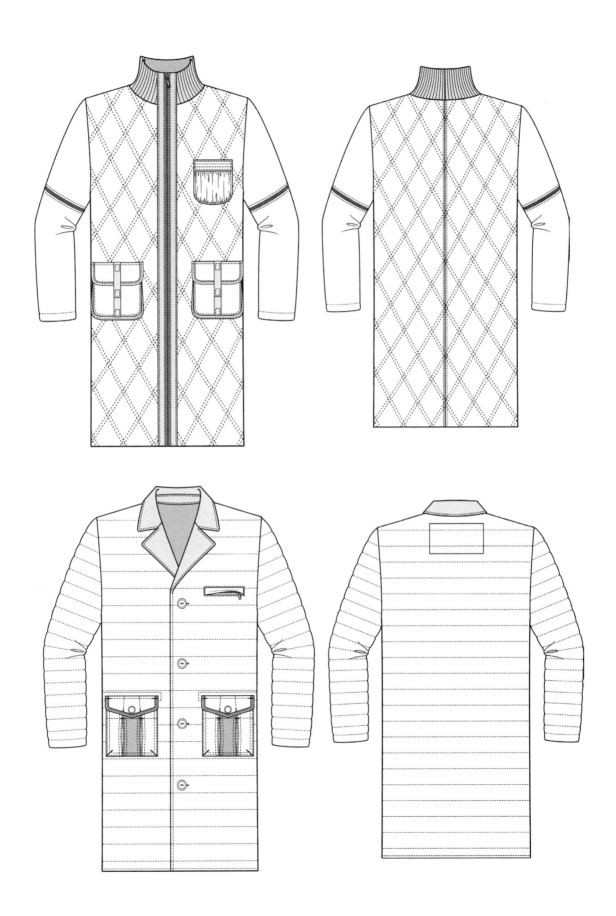

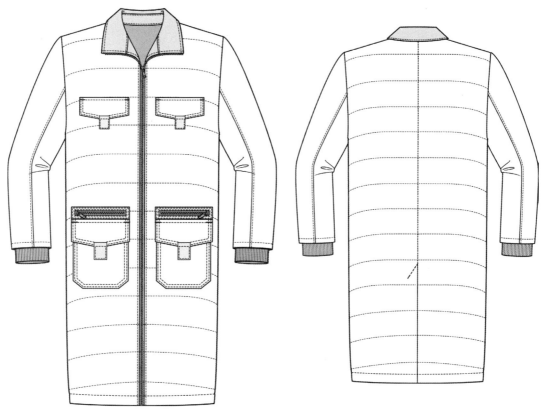

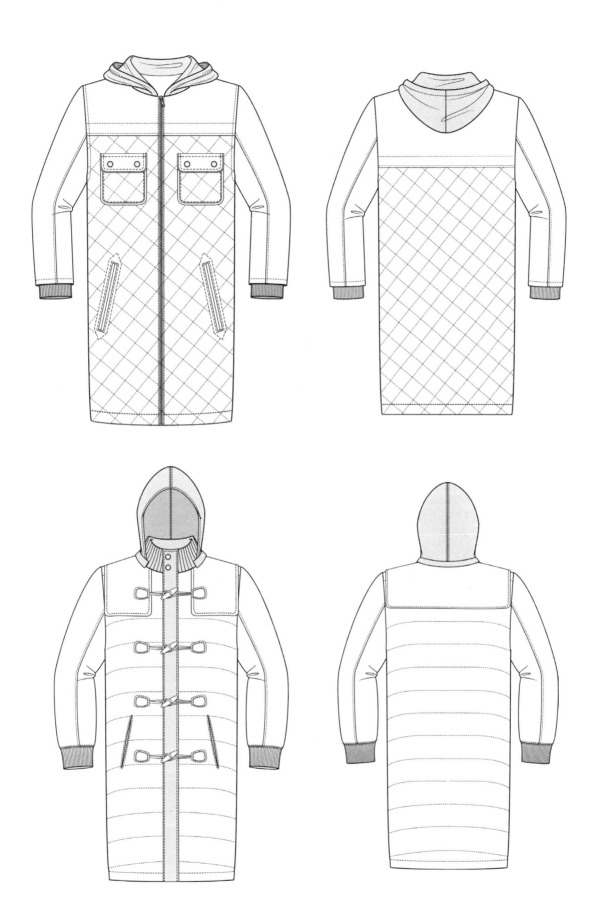

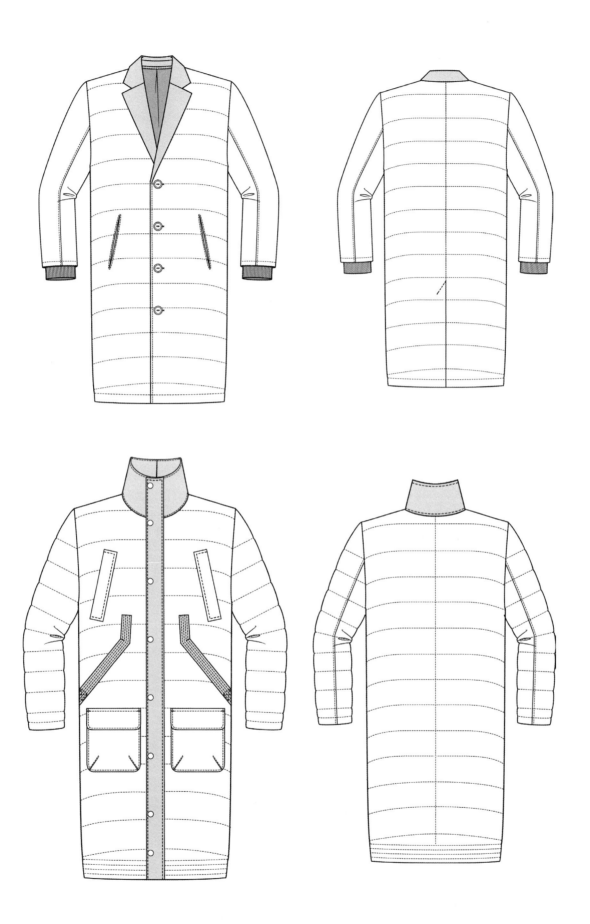

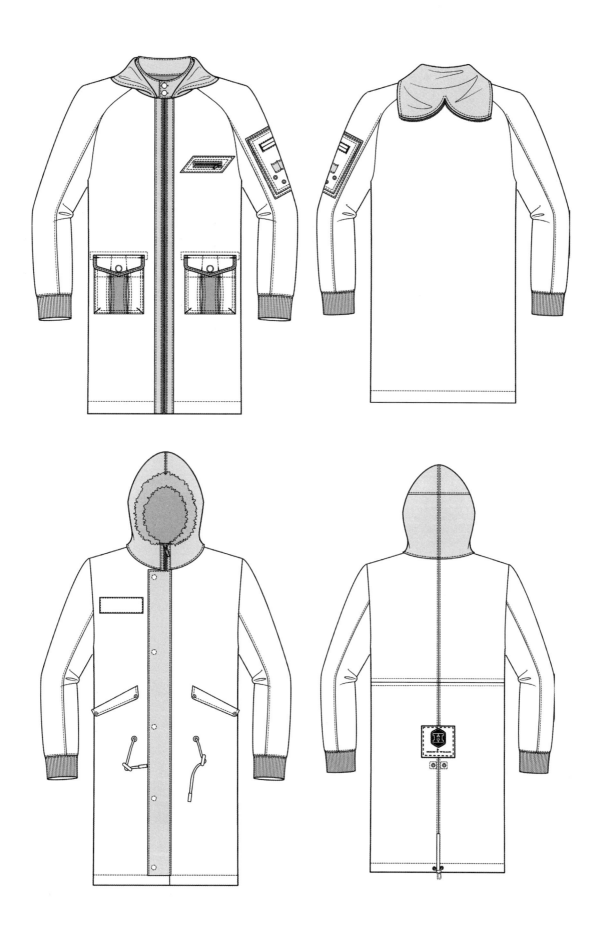

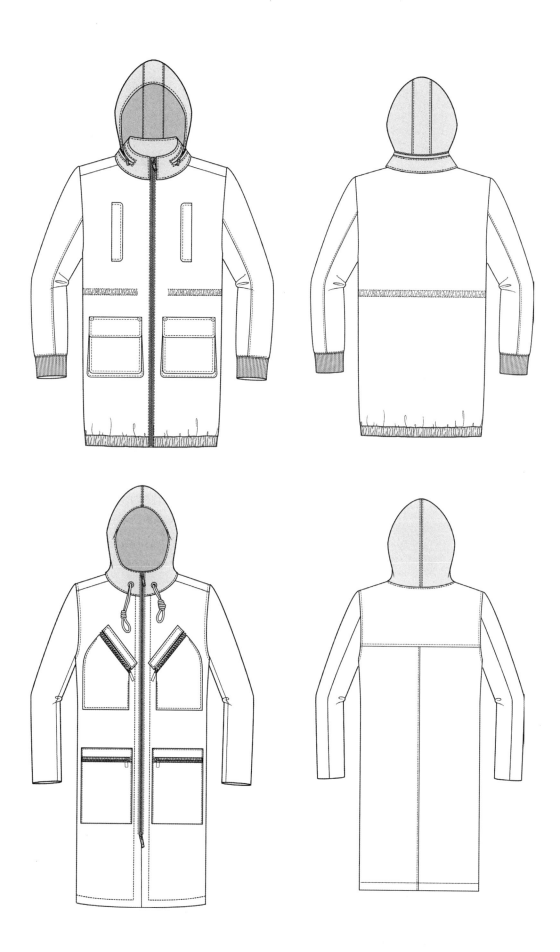

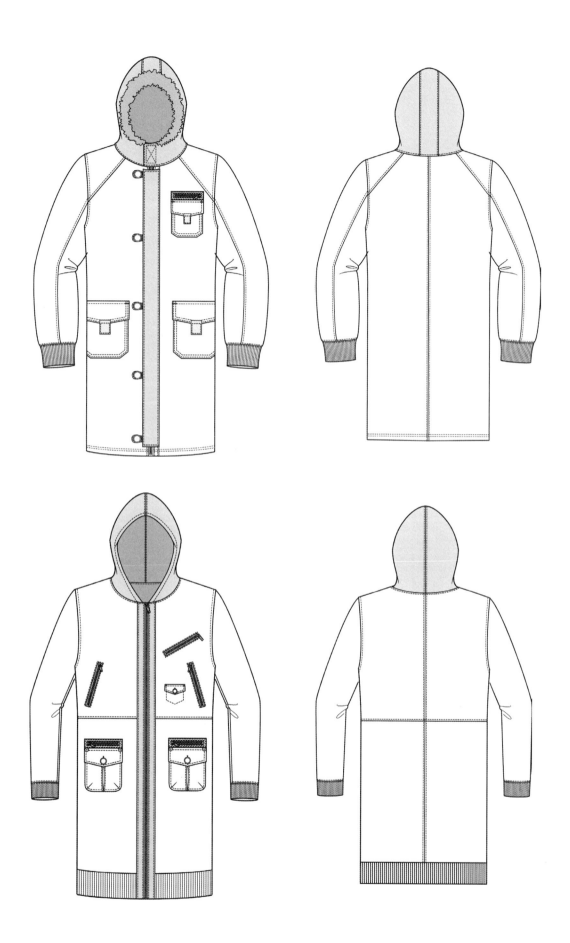

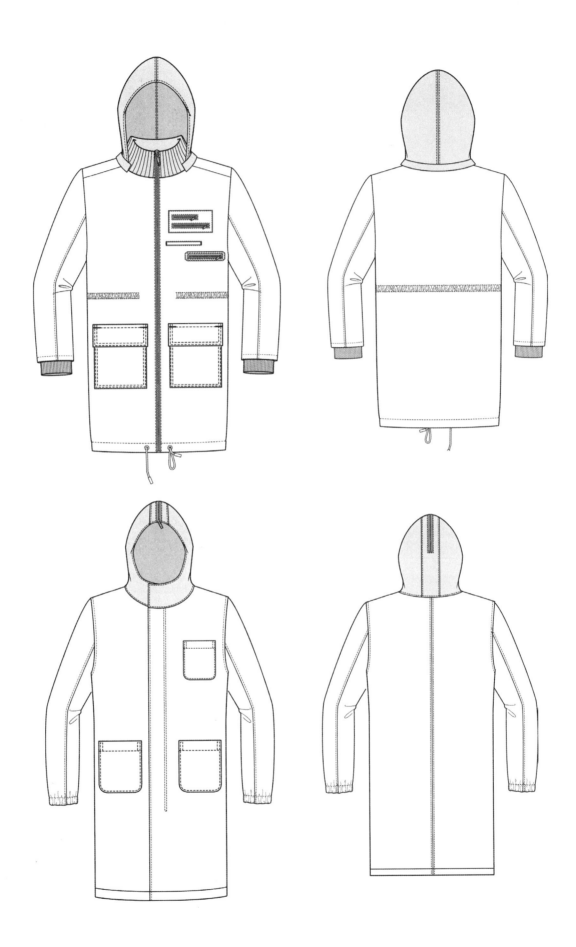

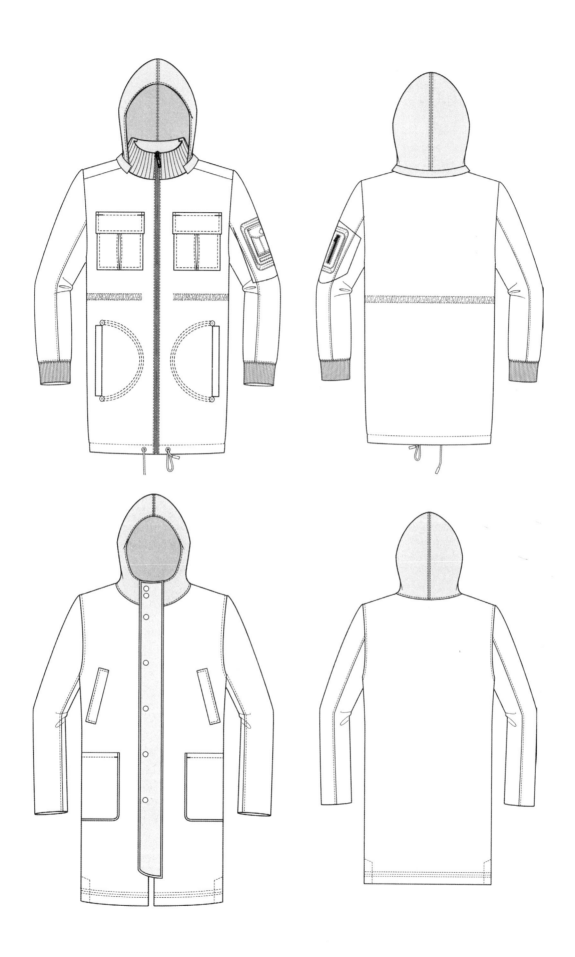

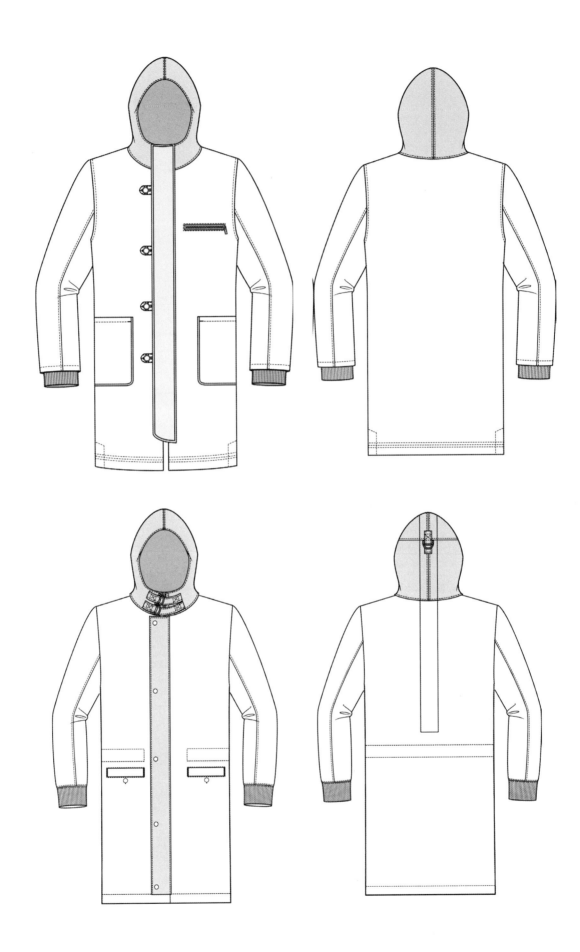

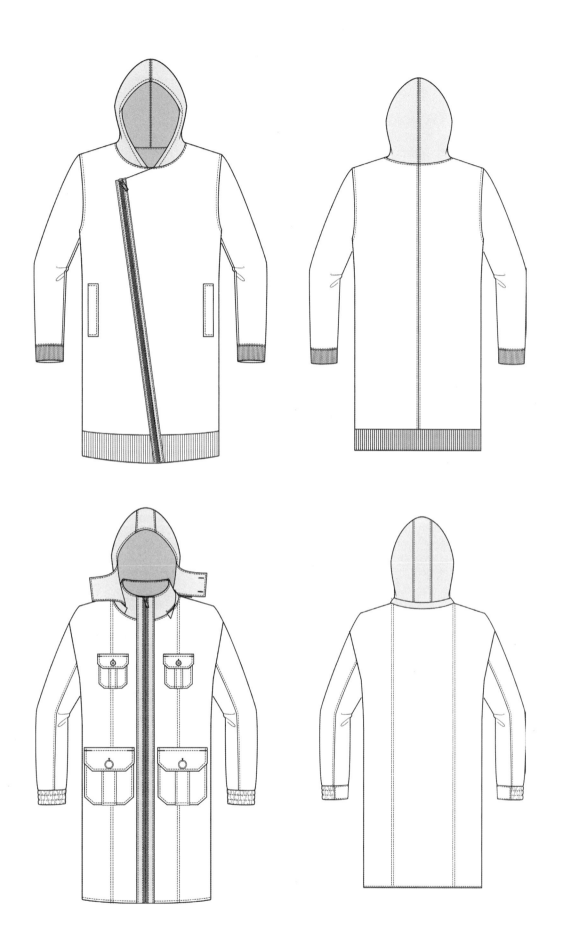

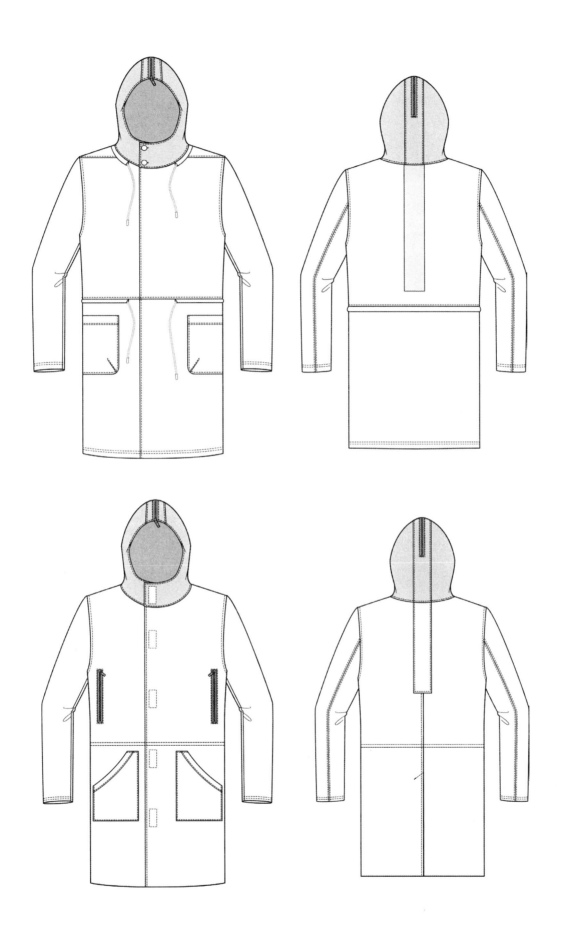

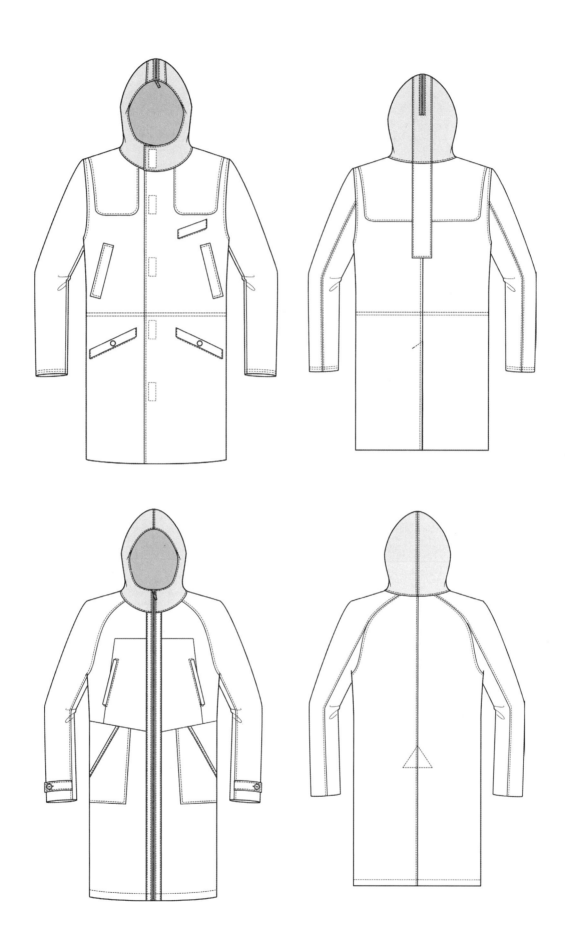

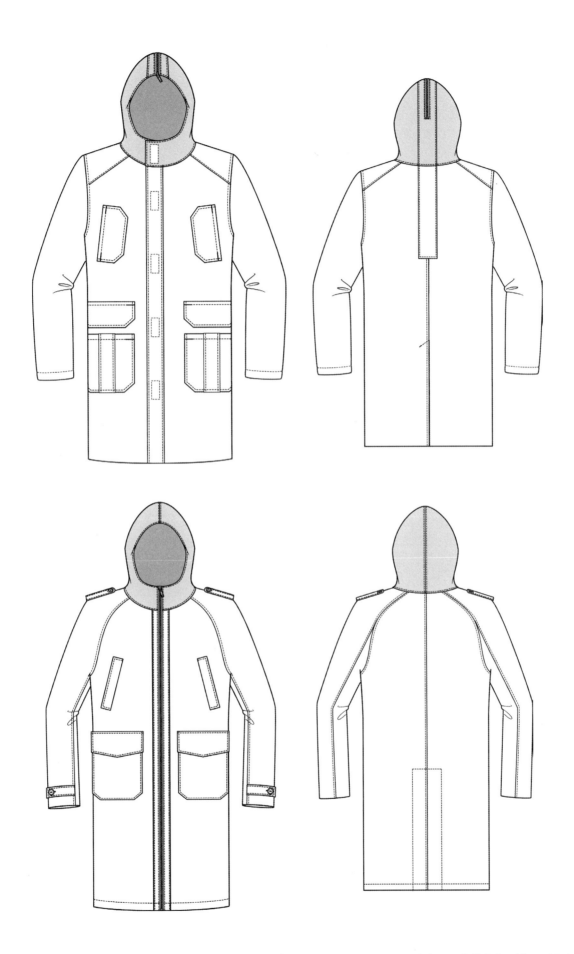

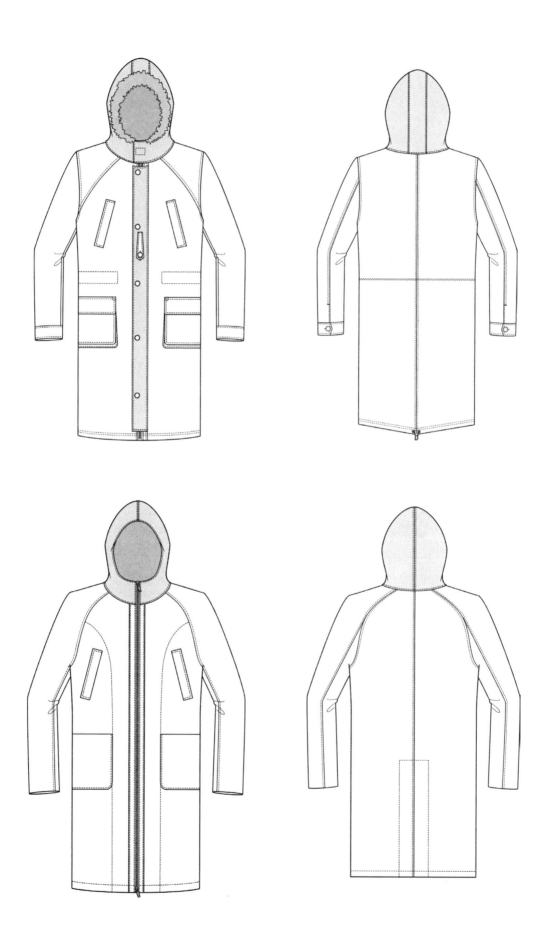

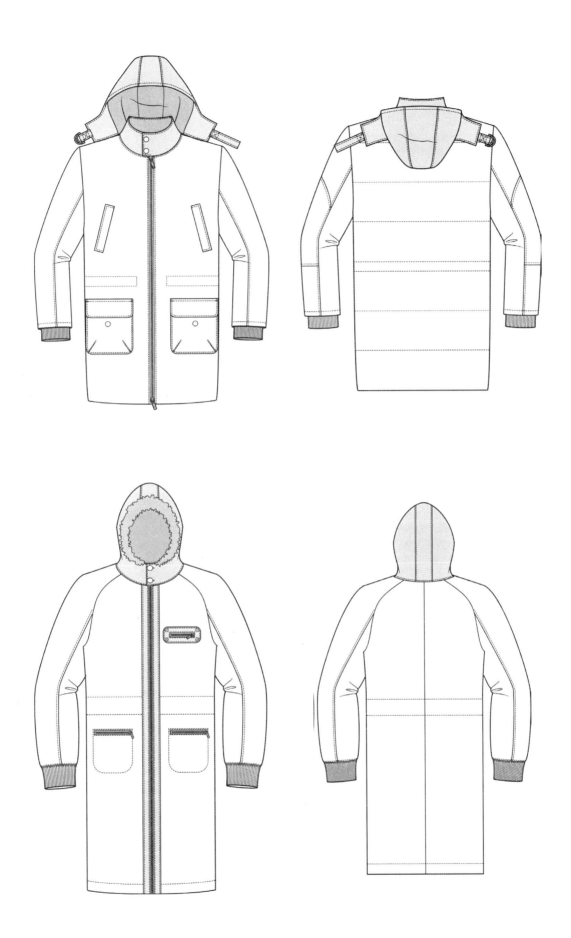

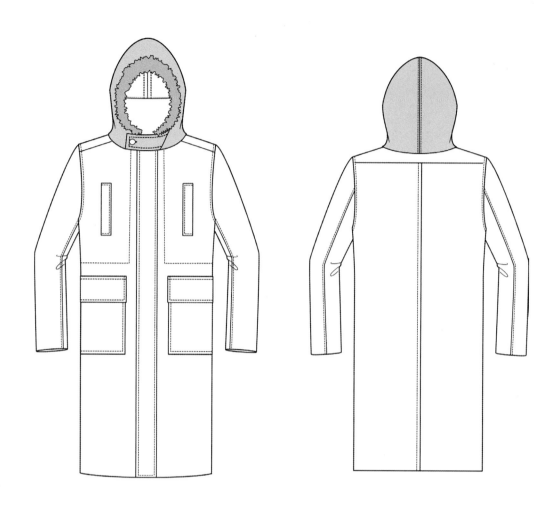

风衣篇

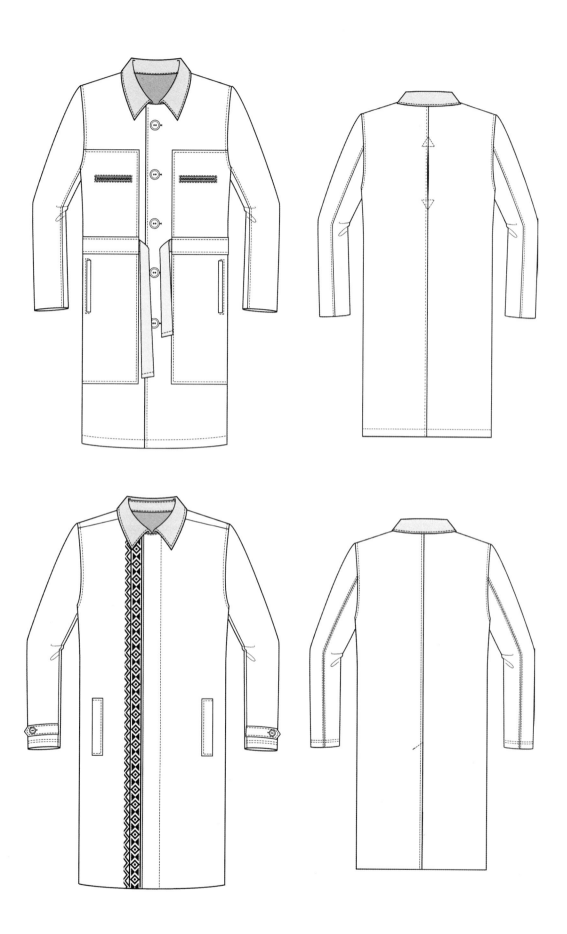

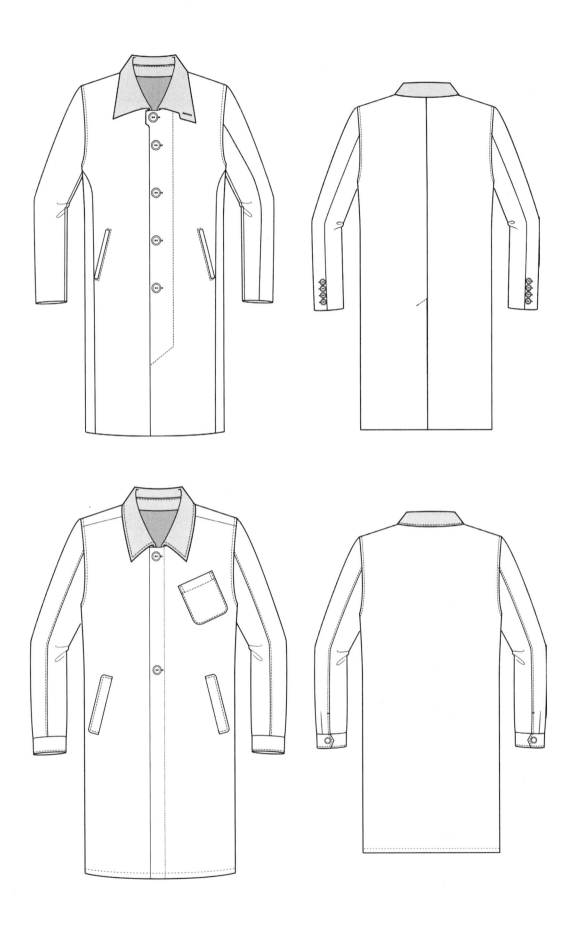

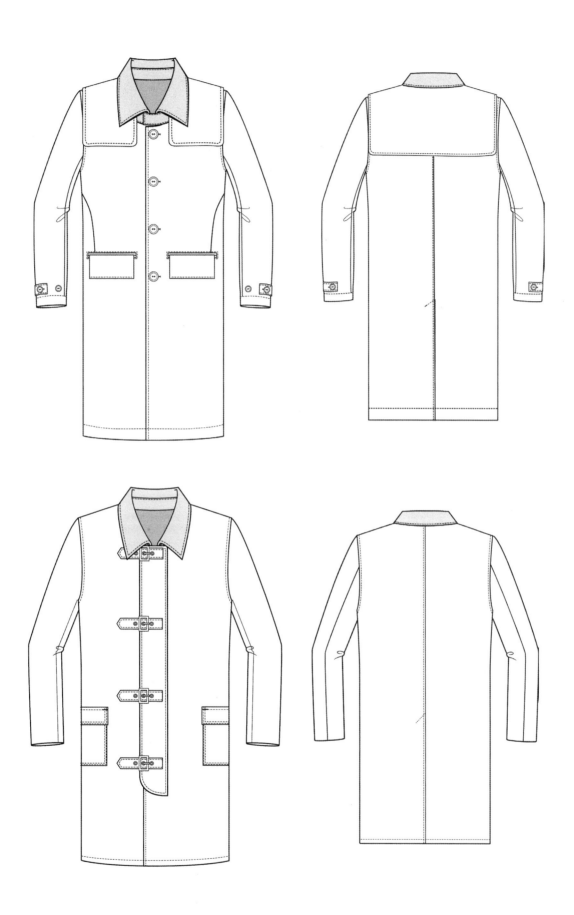

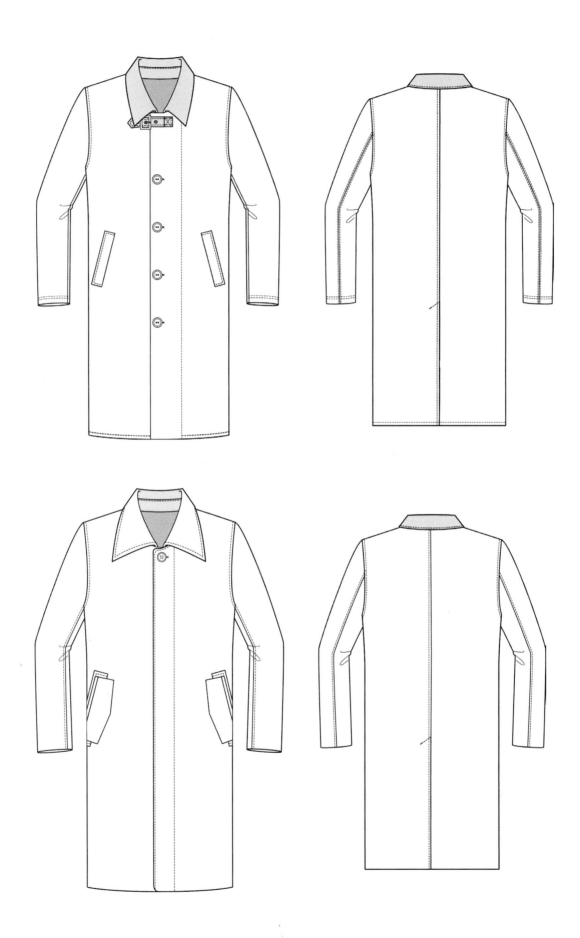

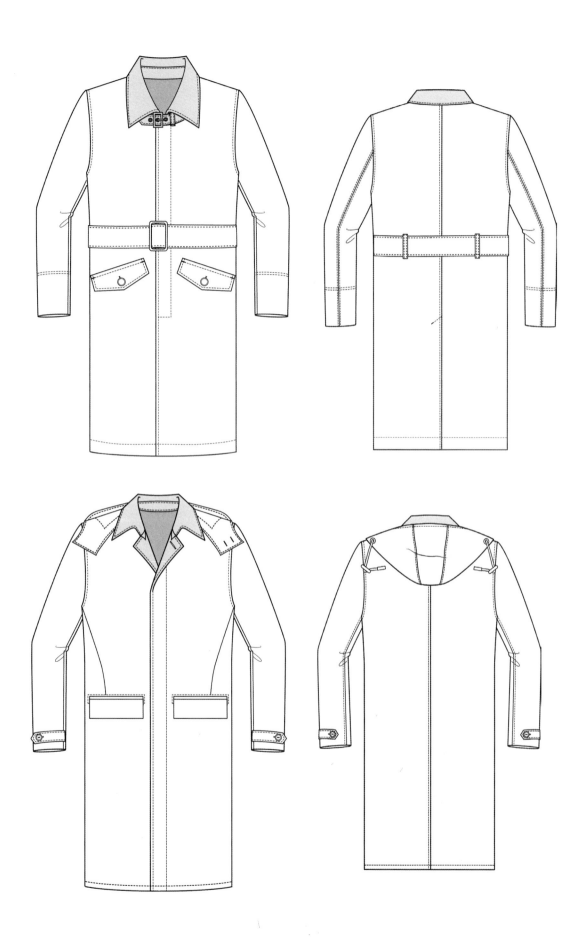

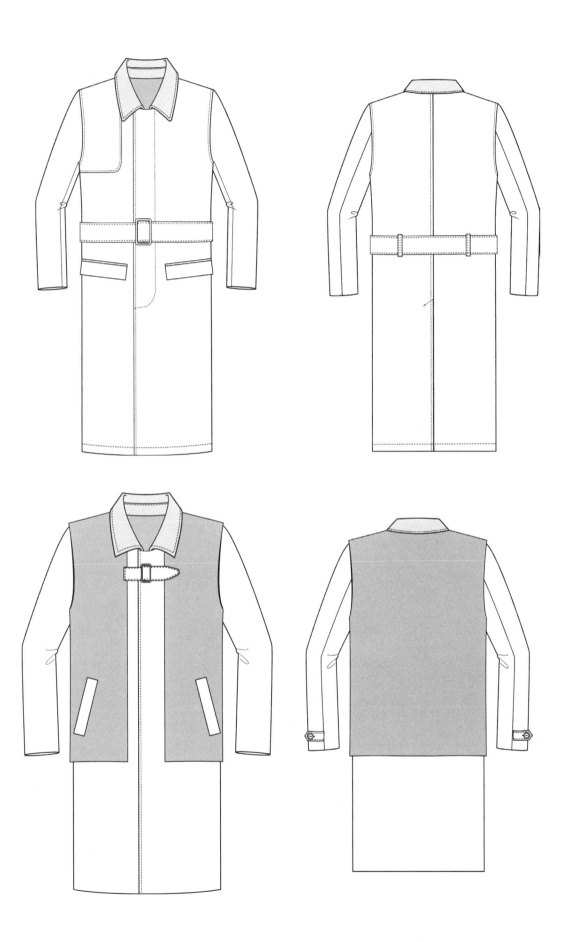

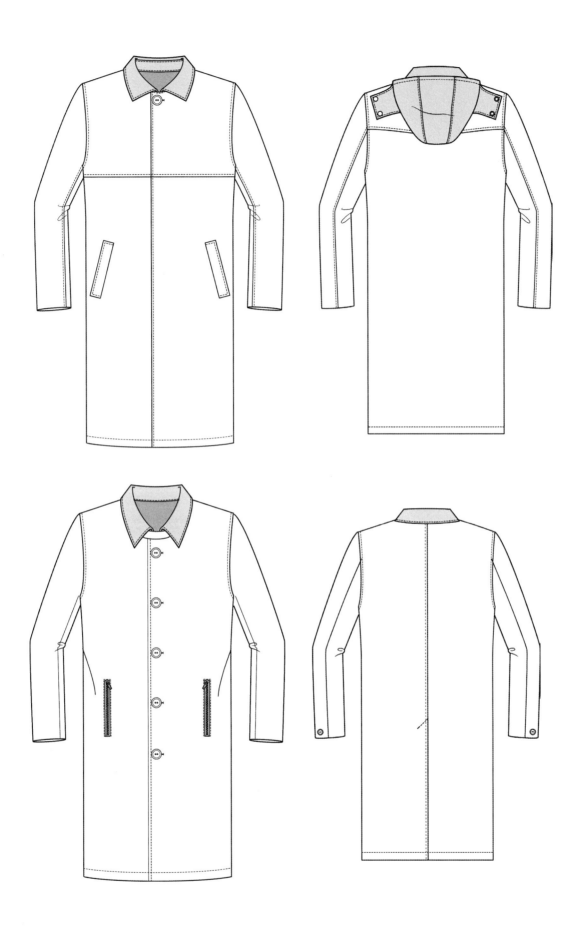

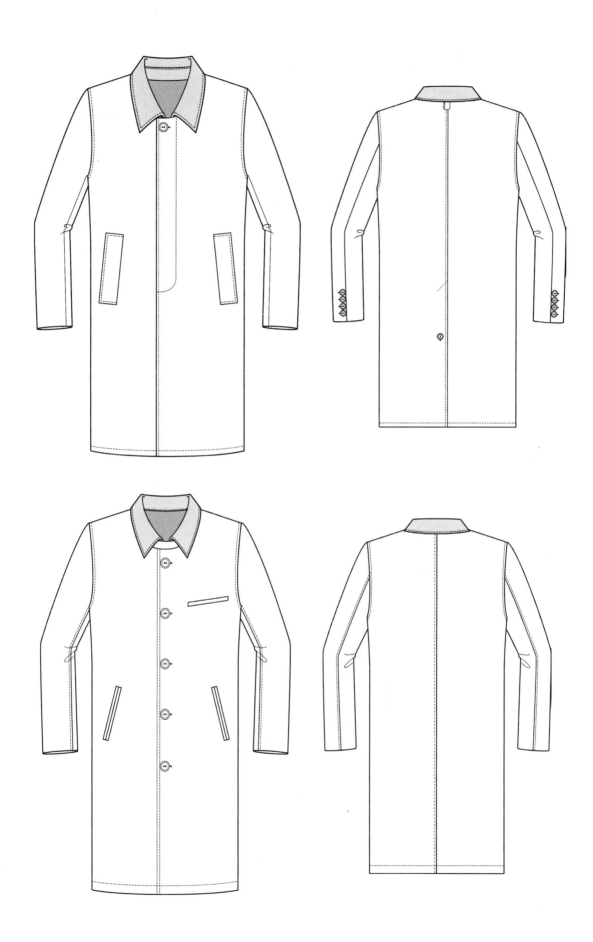

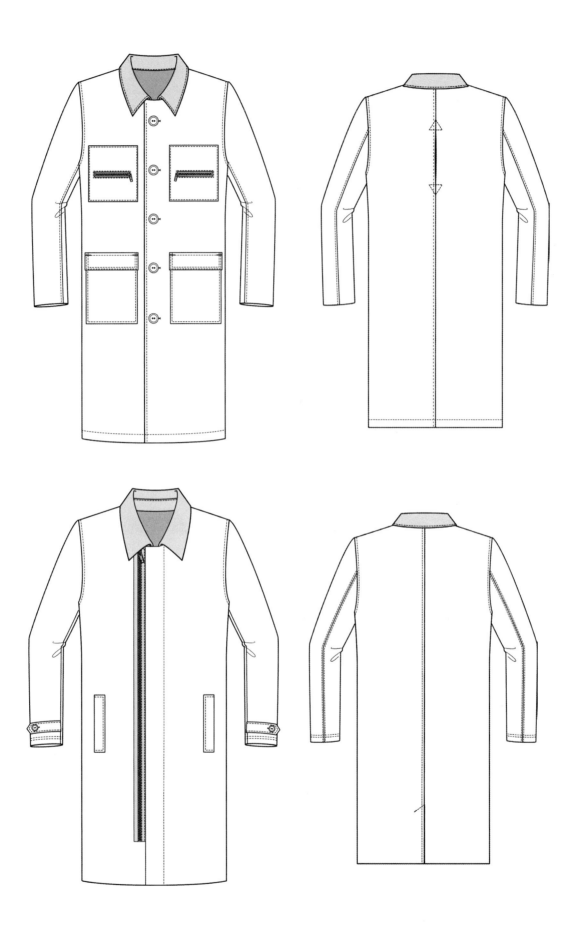

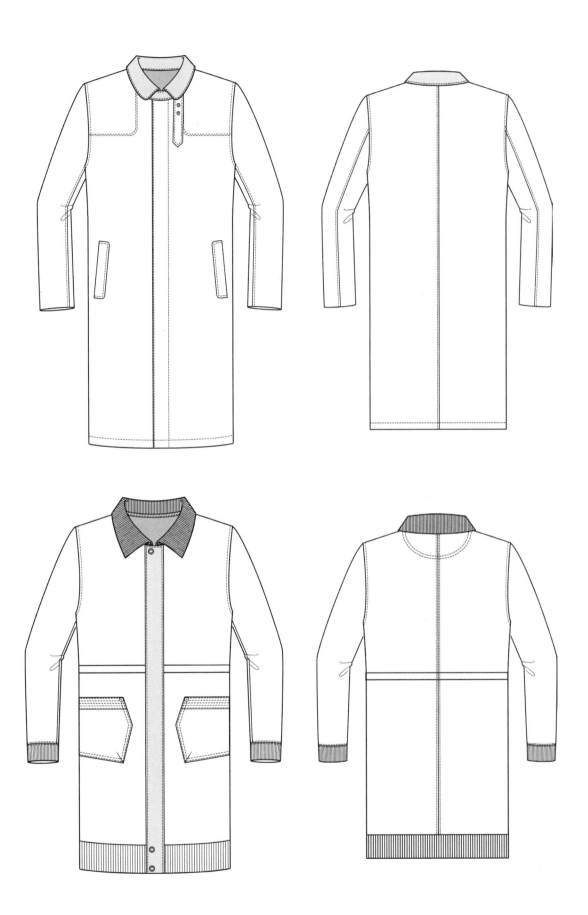

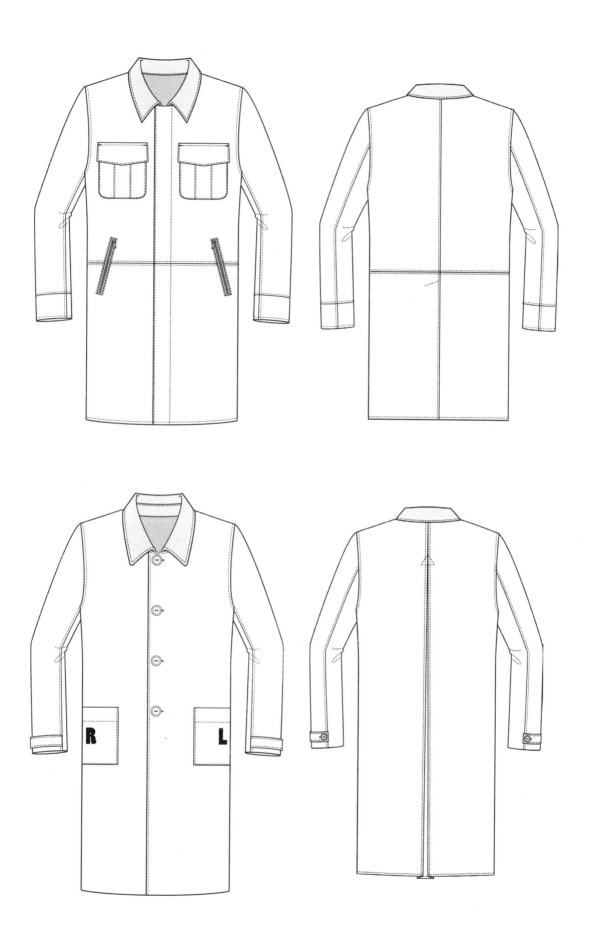

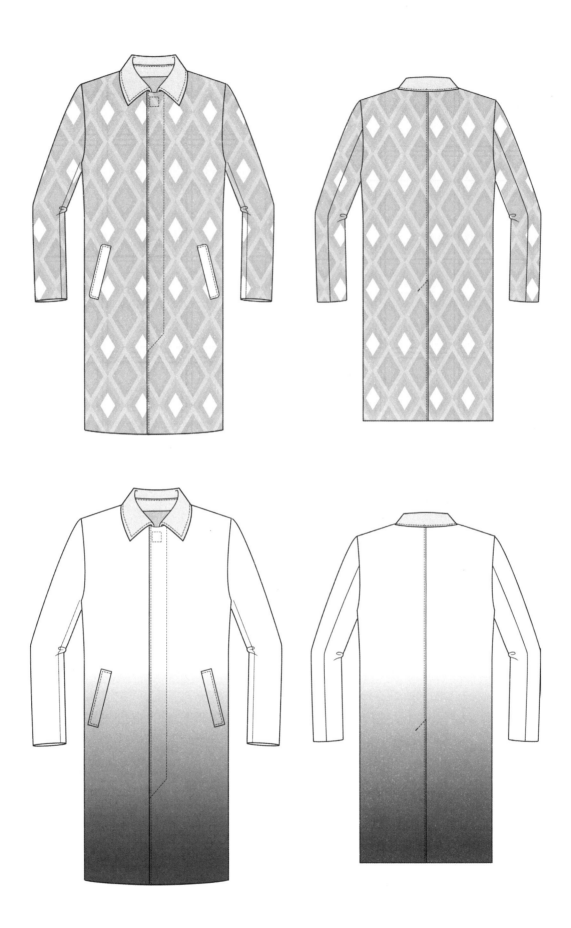

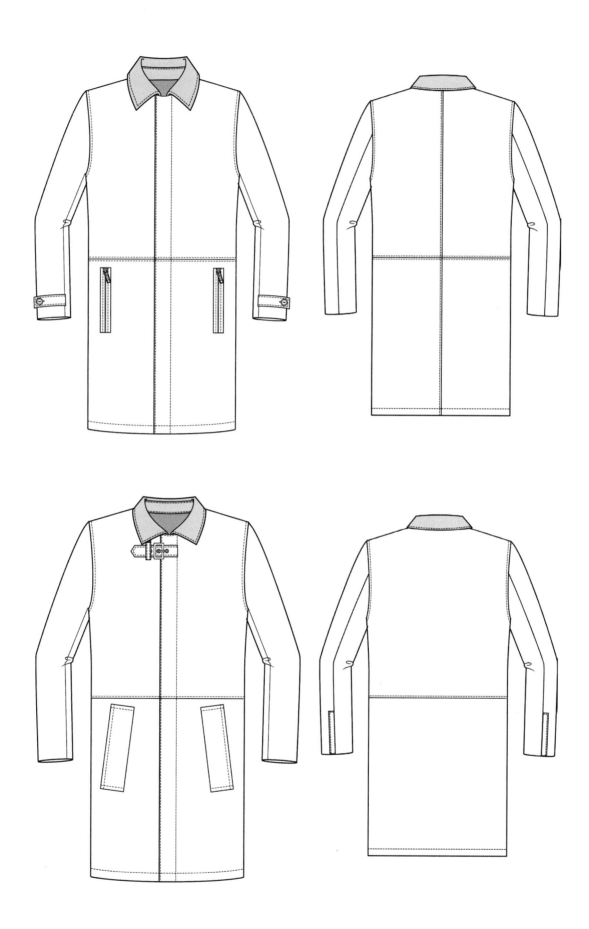

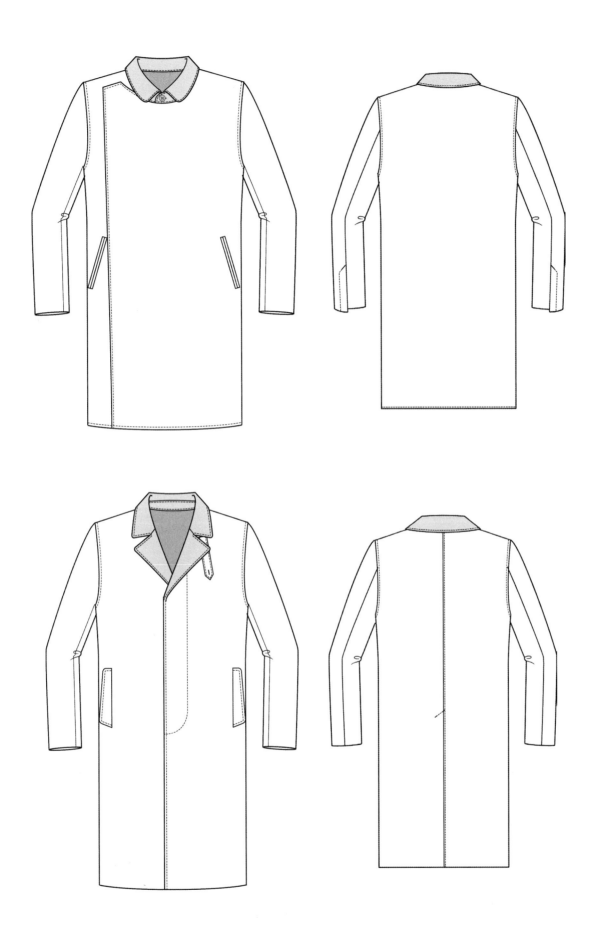

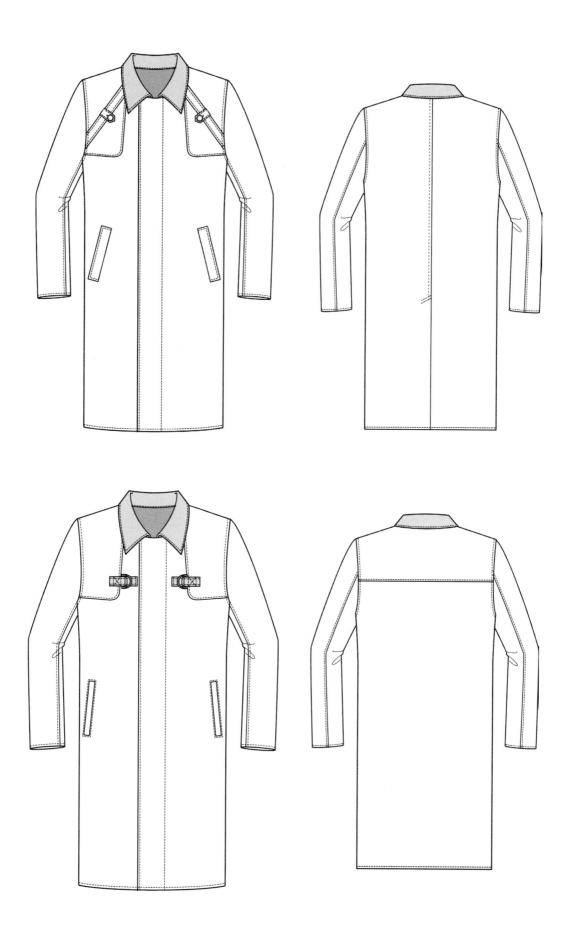

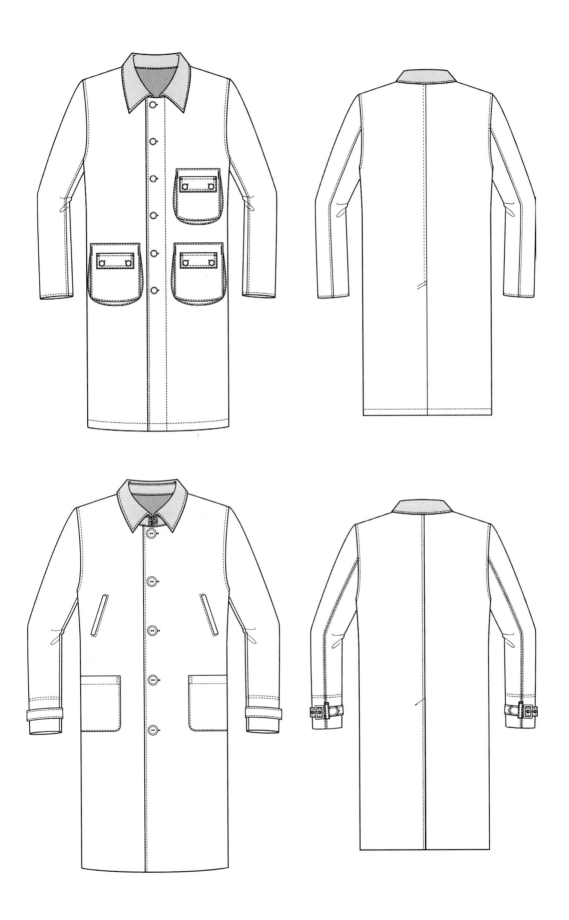

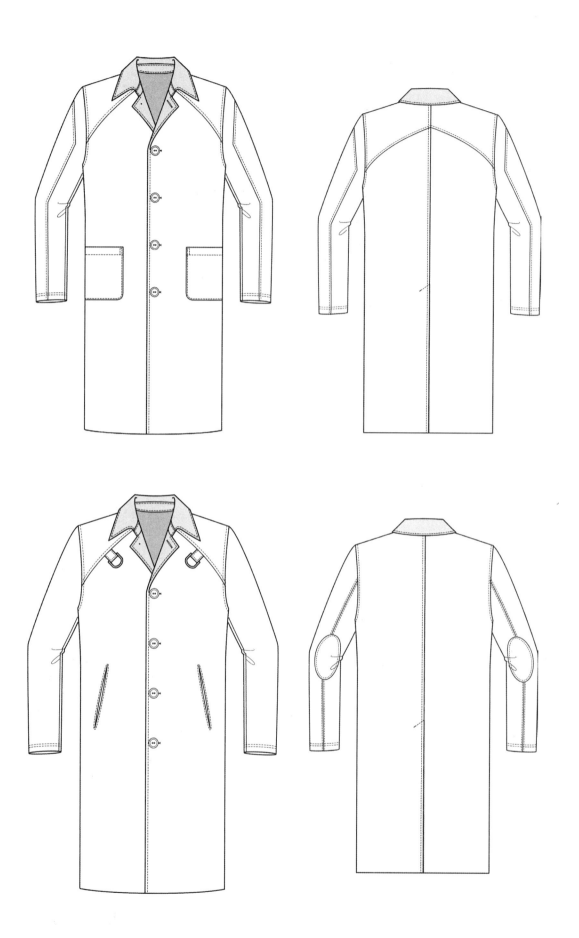

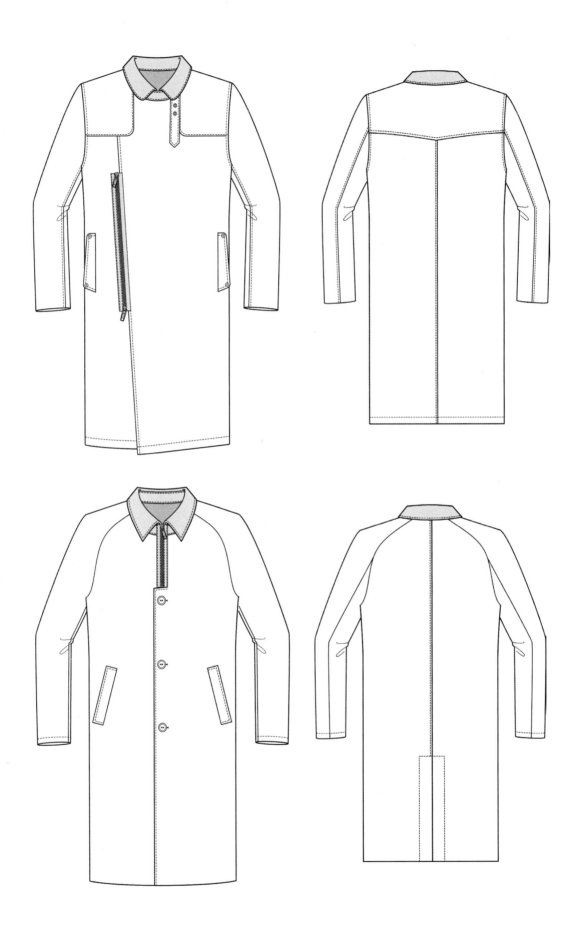

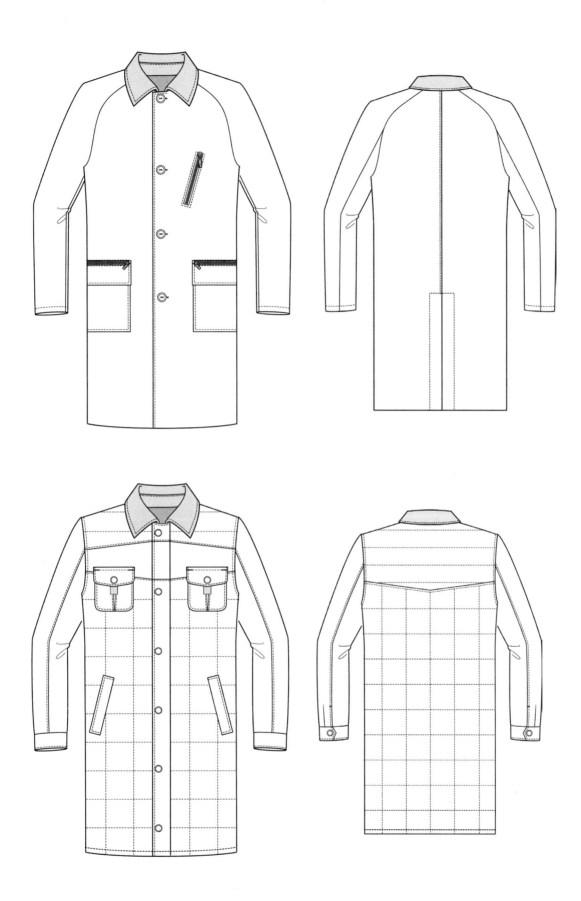

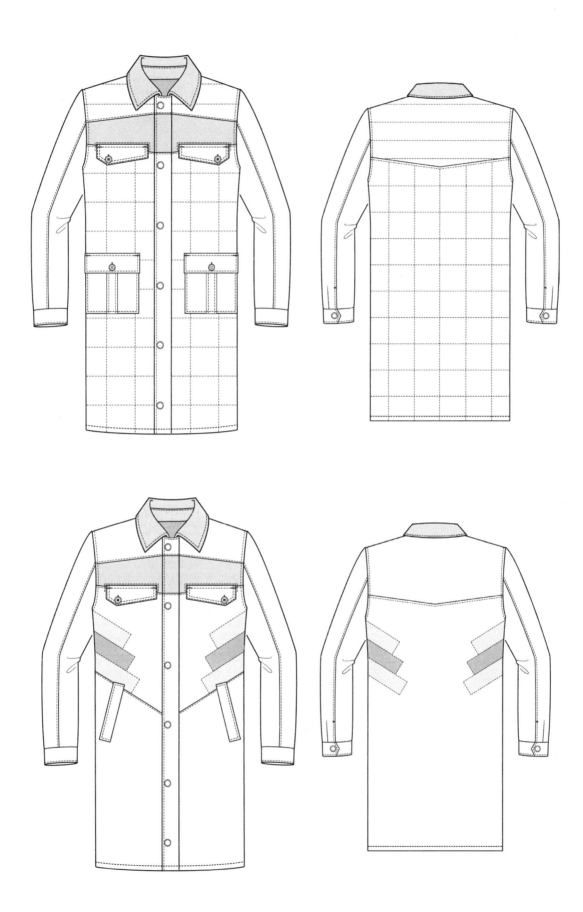

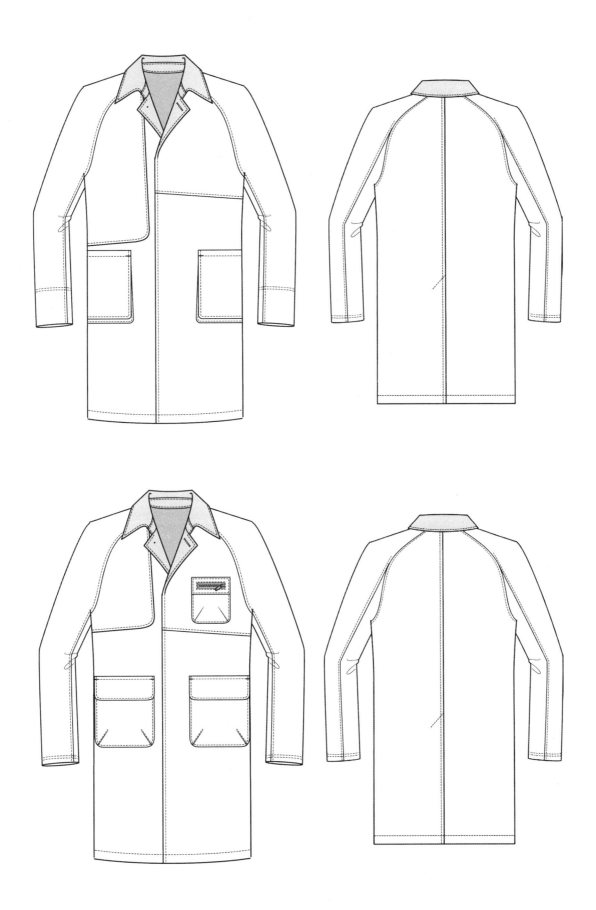

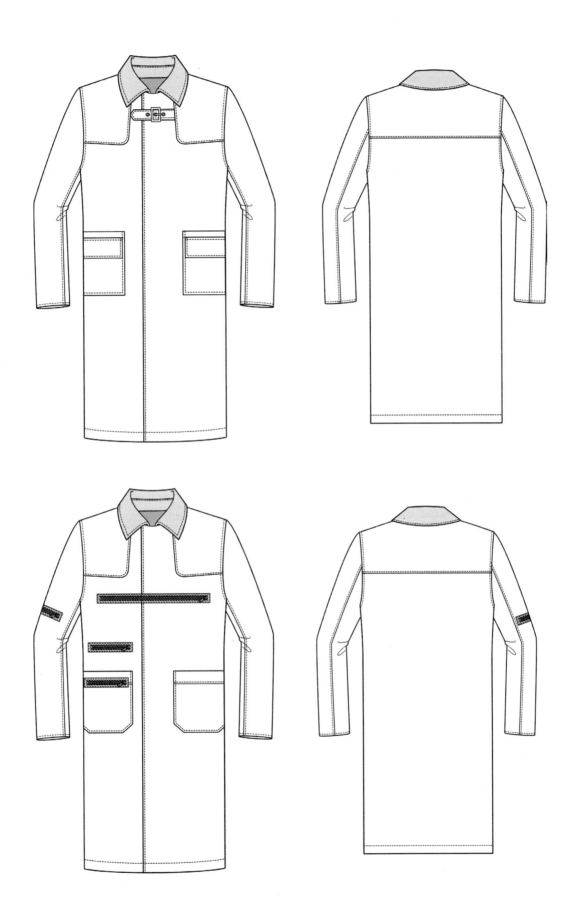

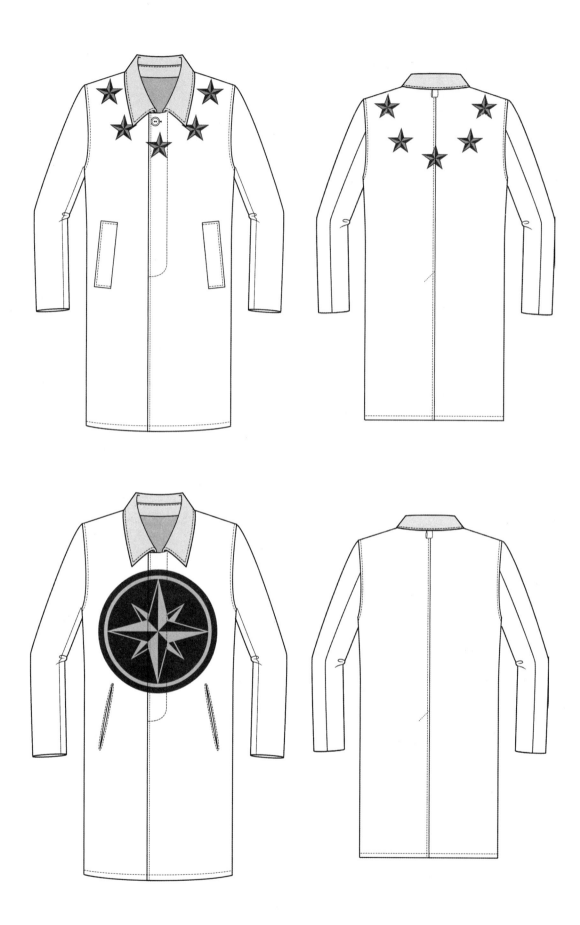

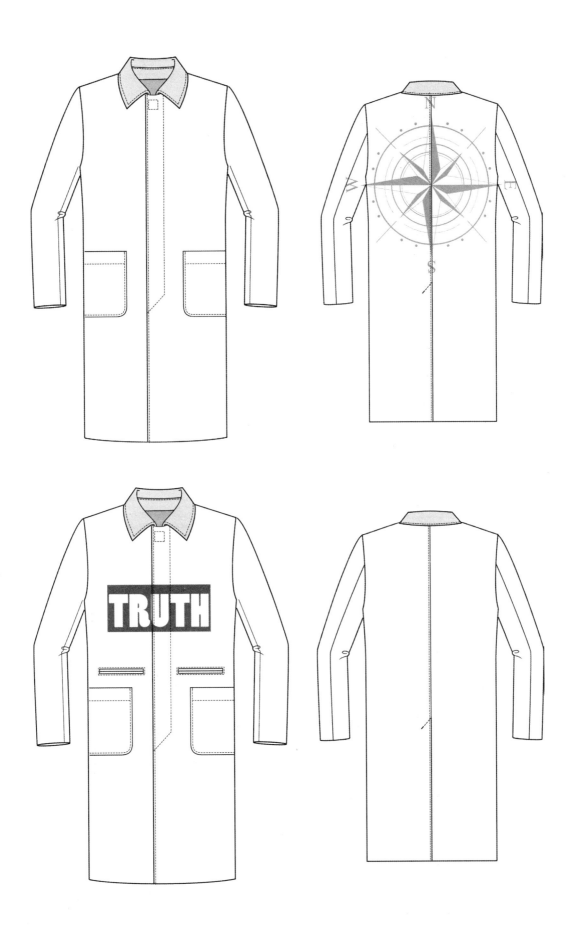

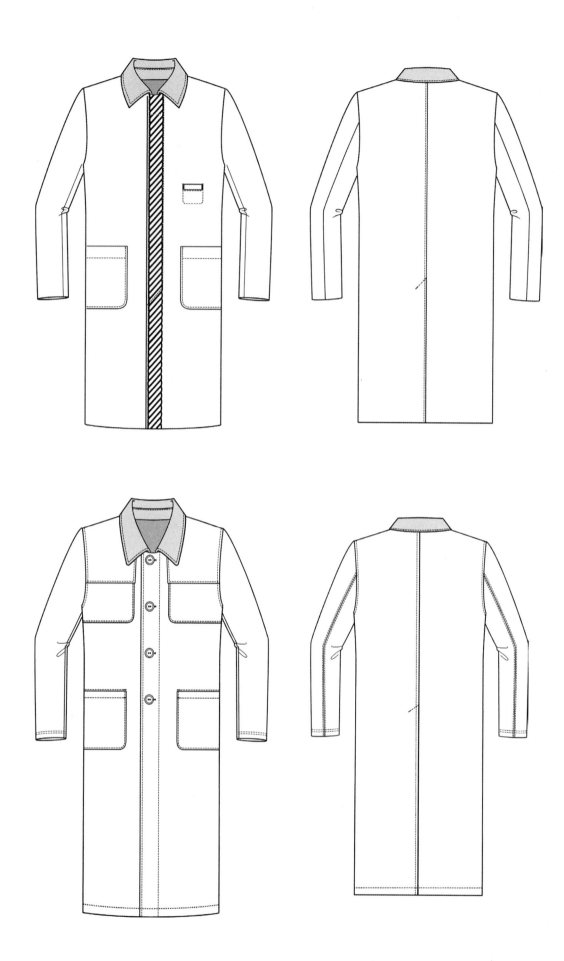

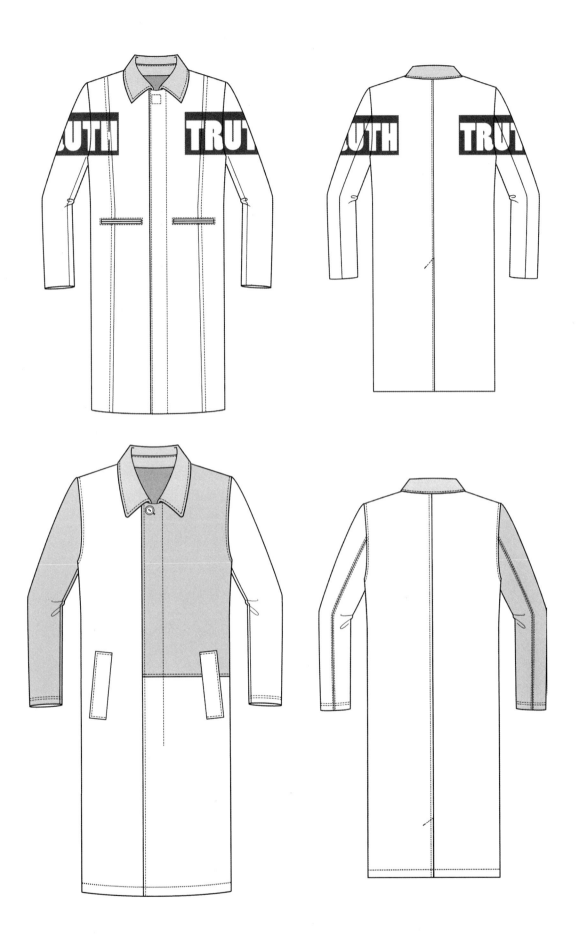

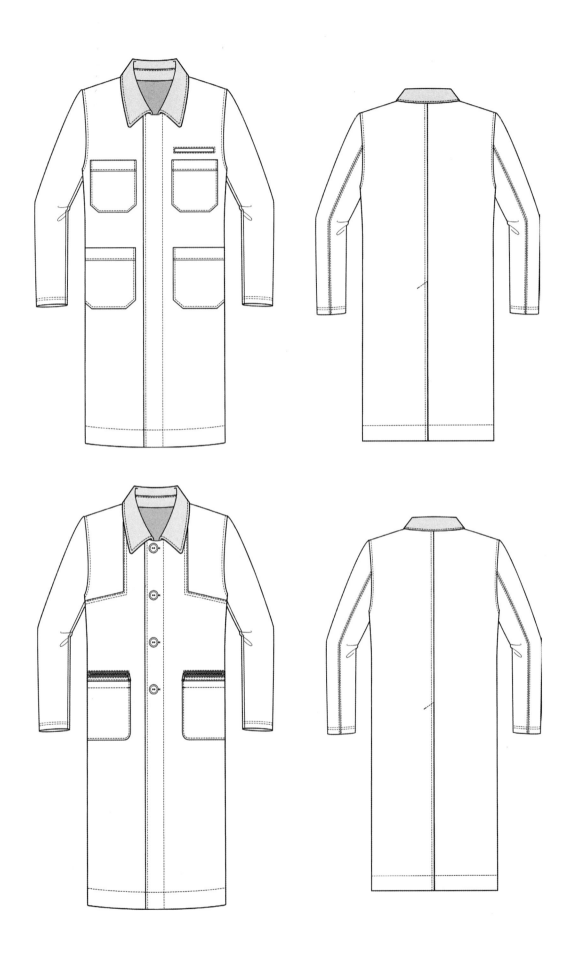

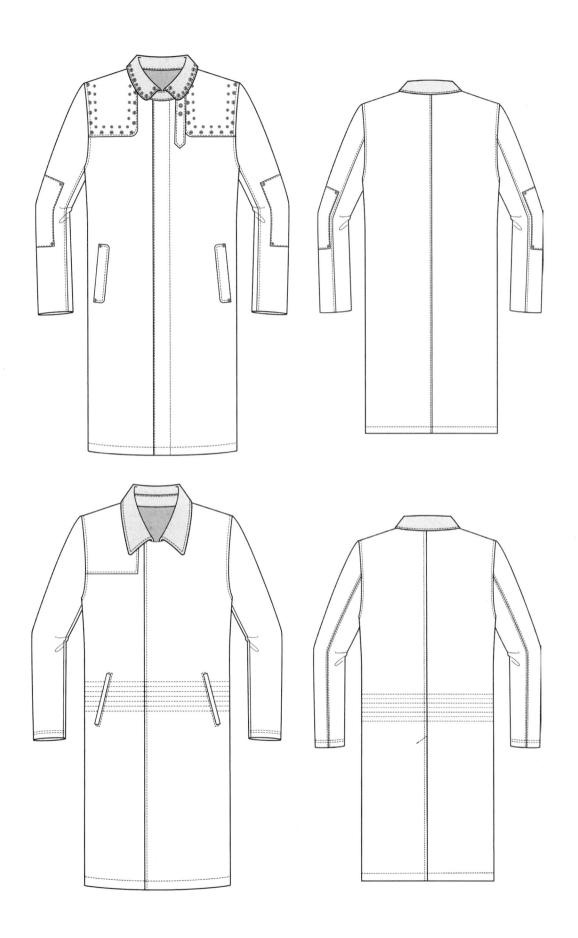

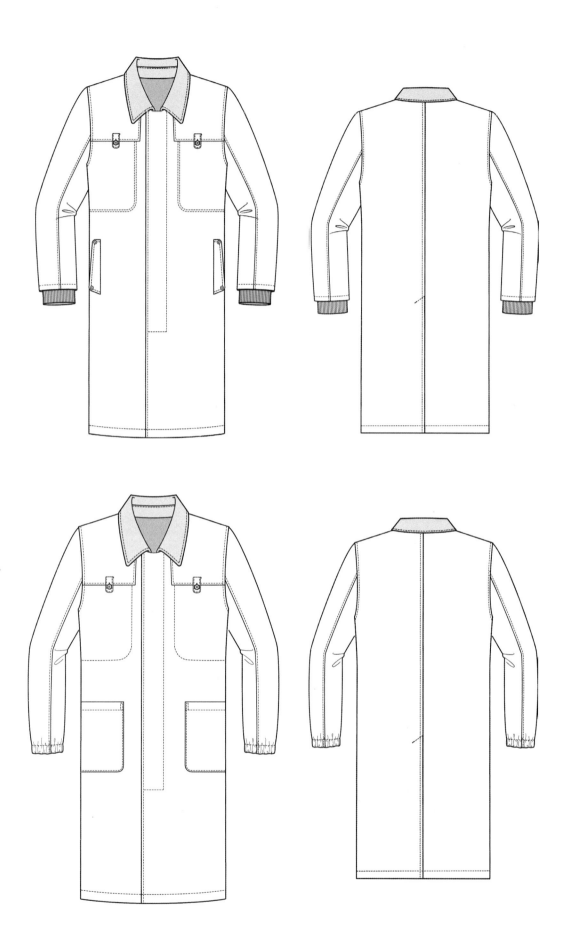

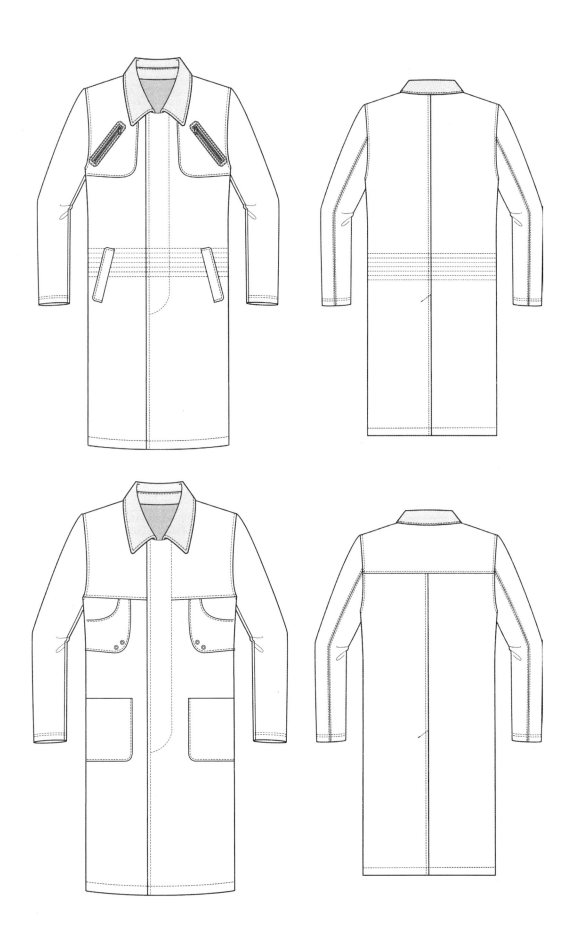

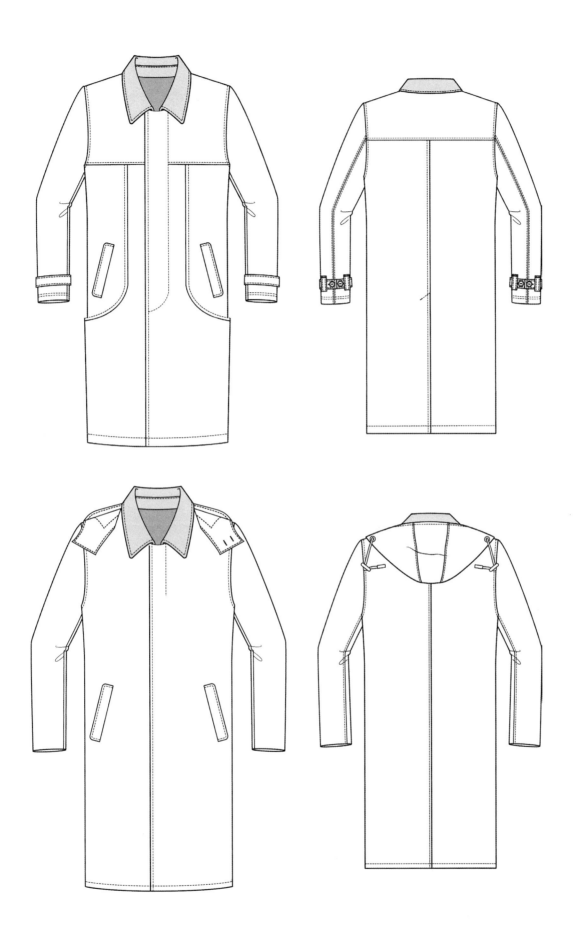

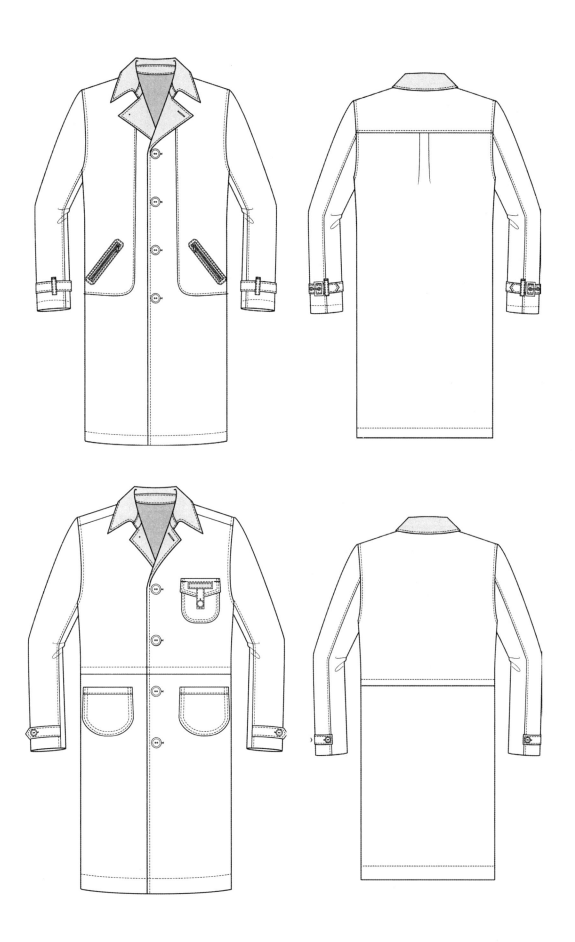

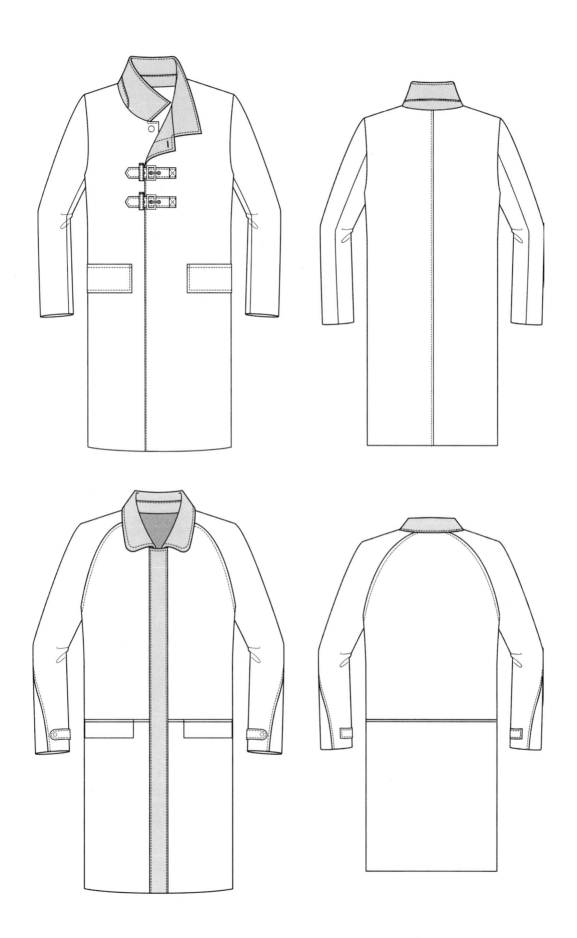

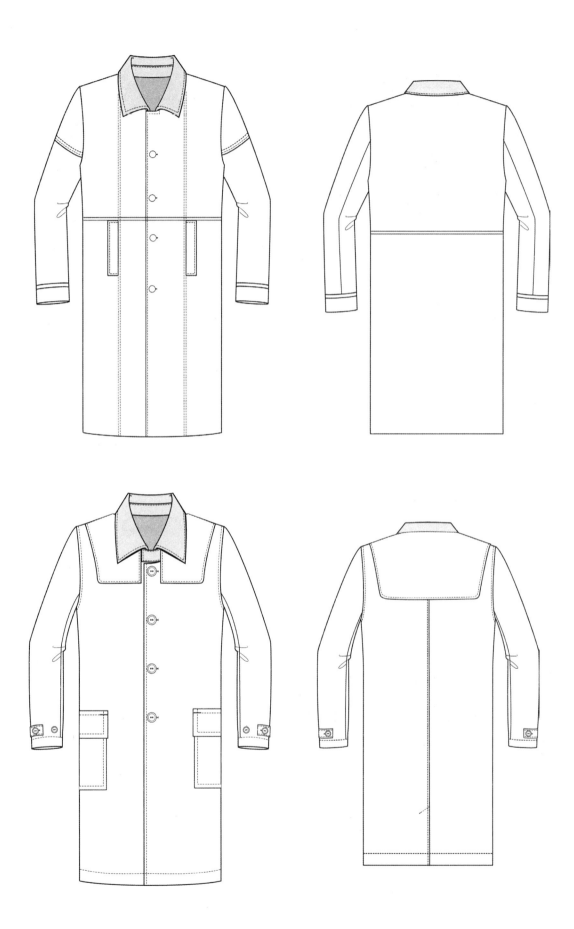

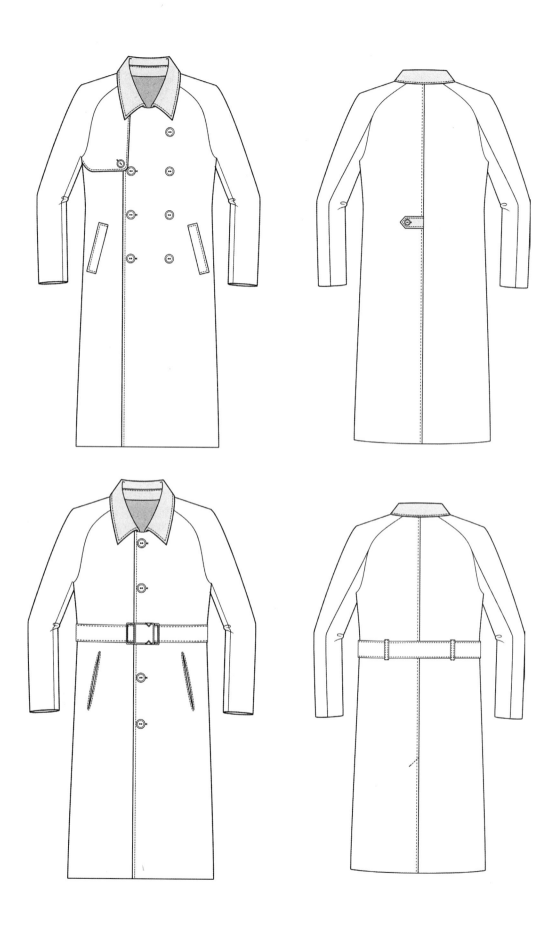

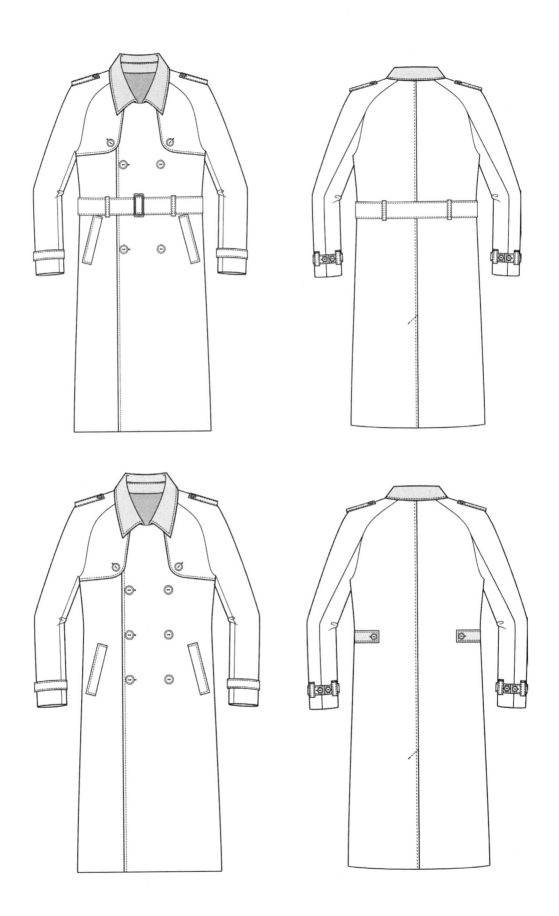

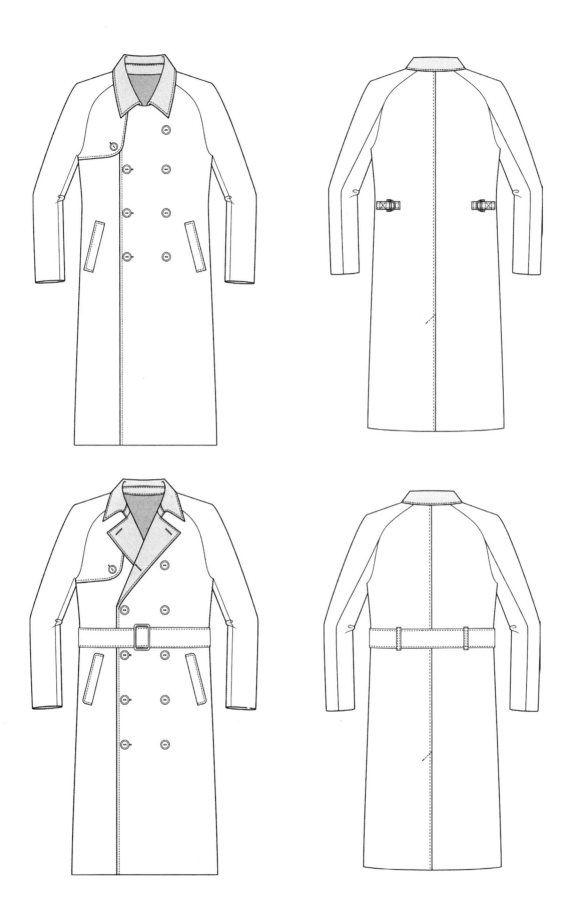

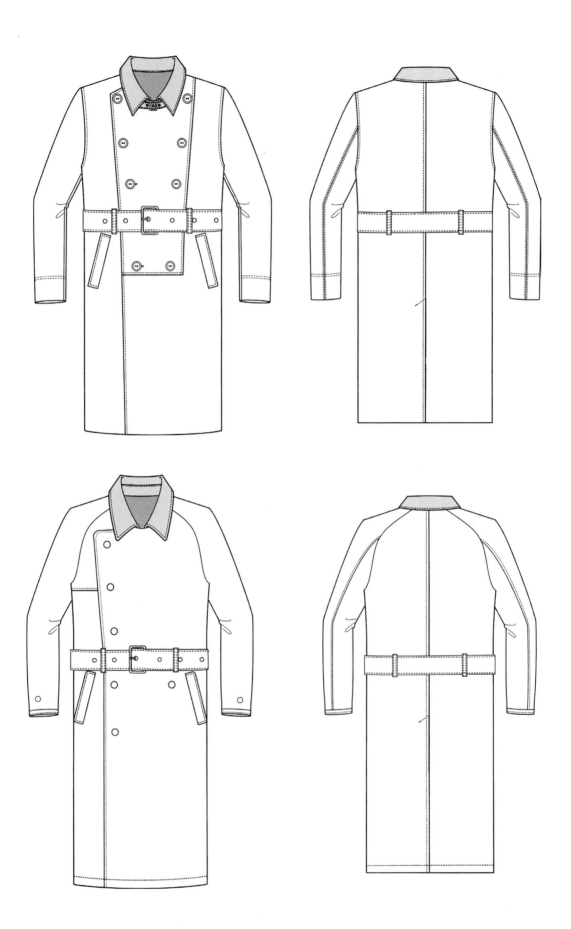

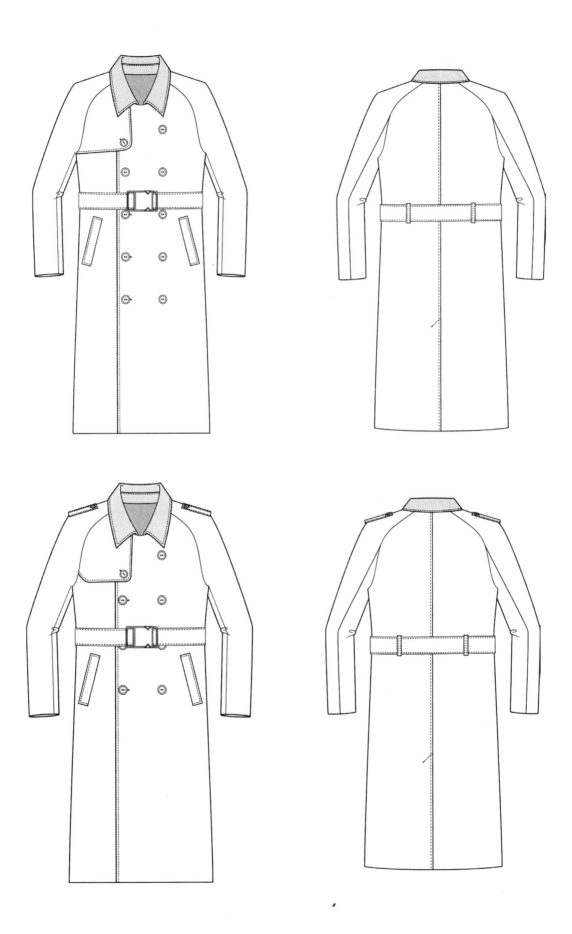

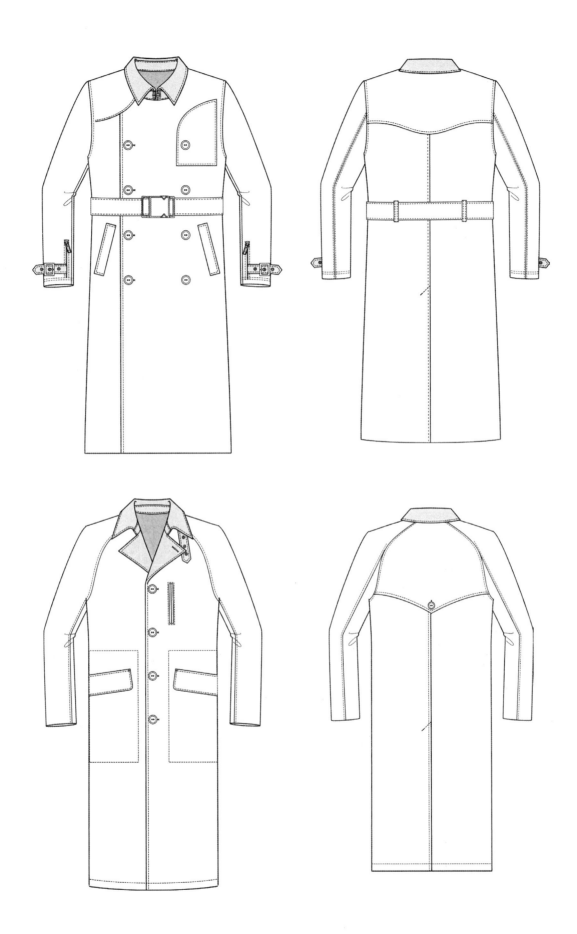

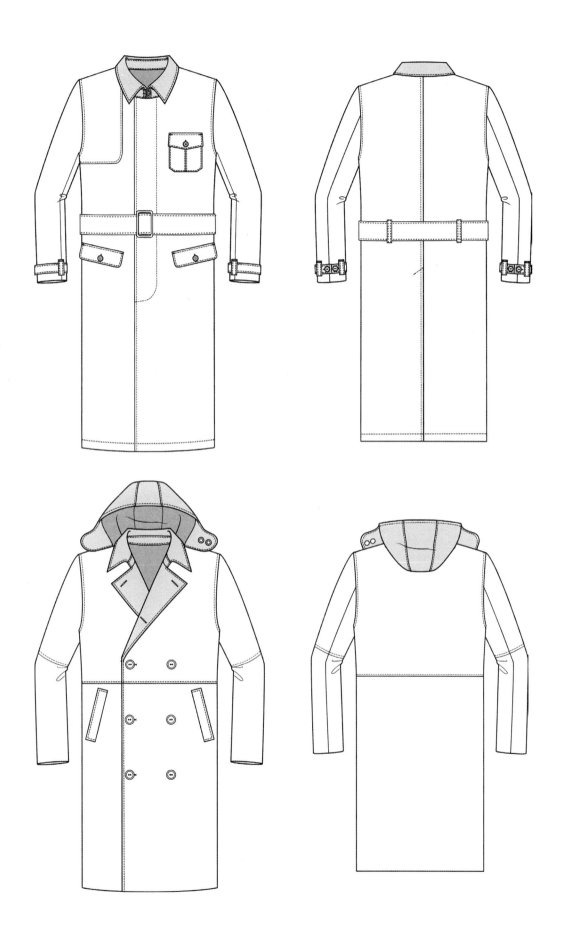

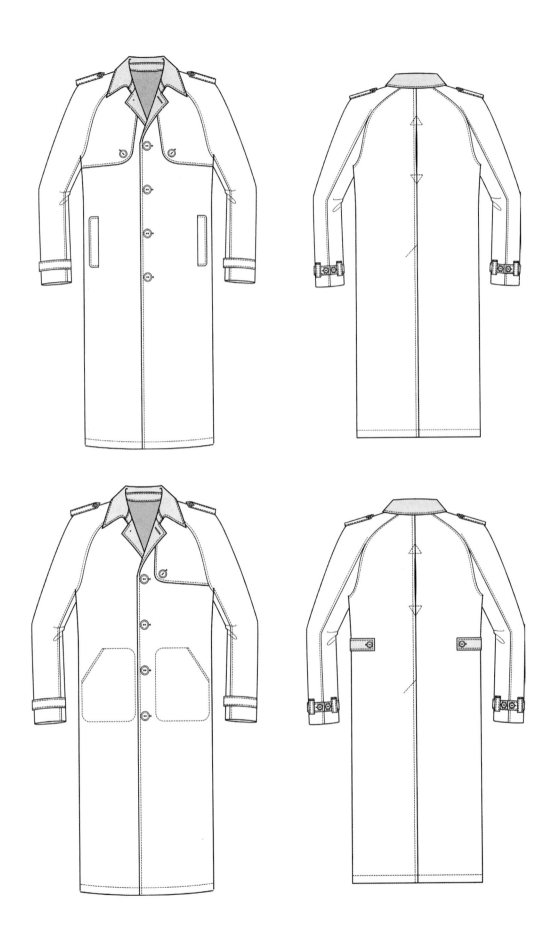

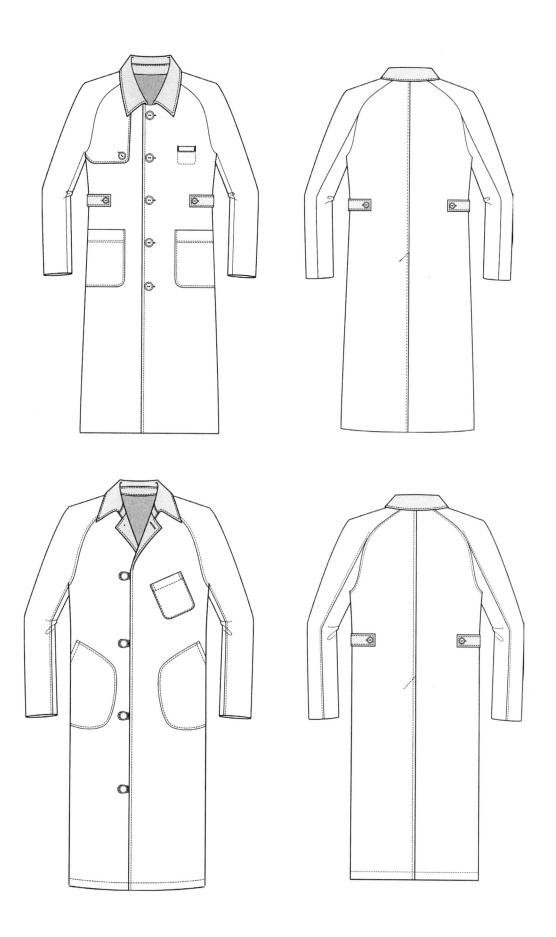

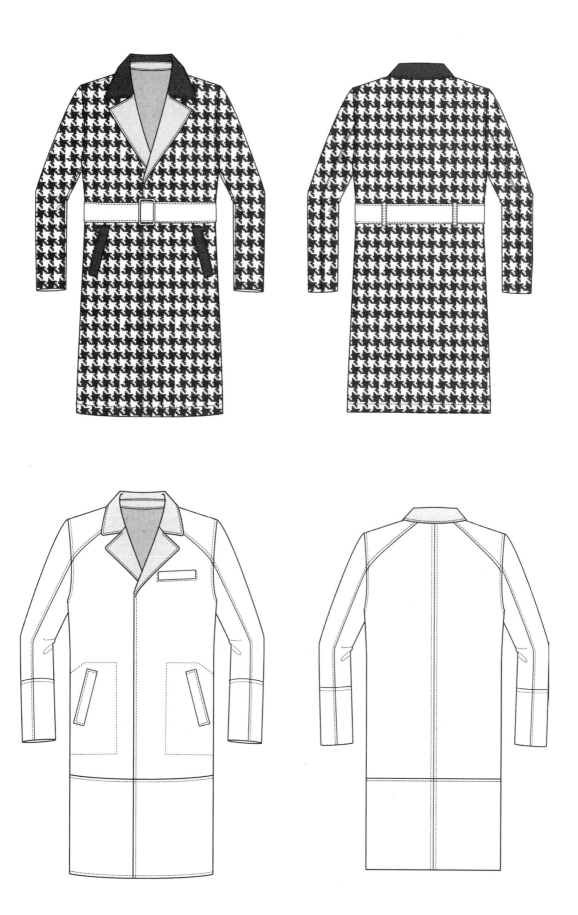

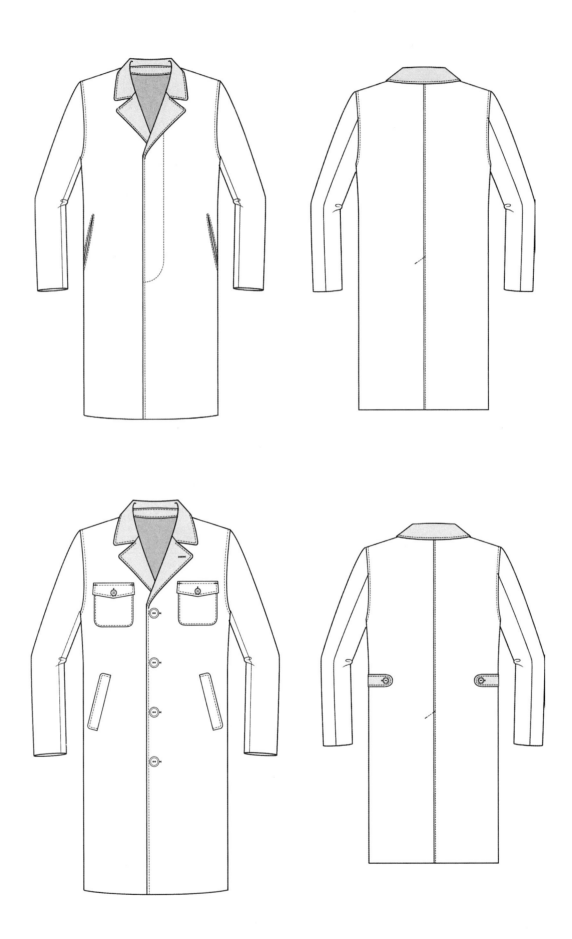

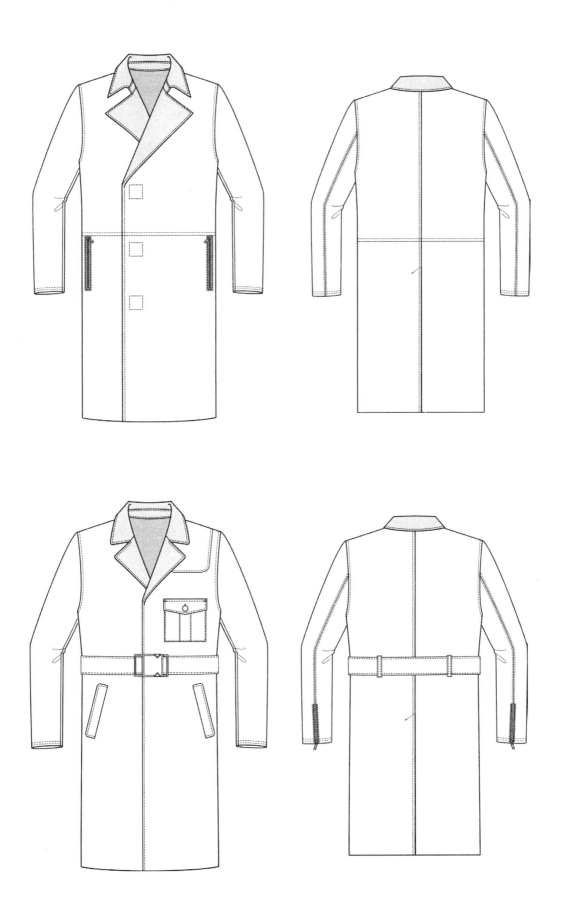

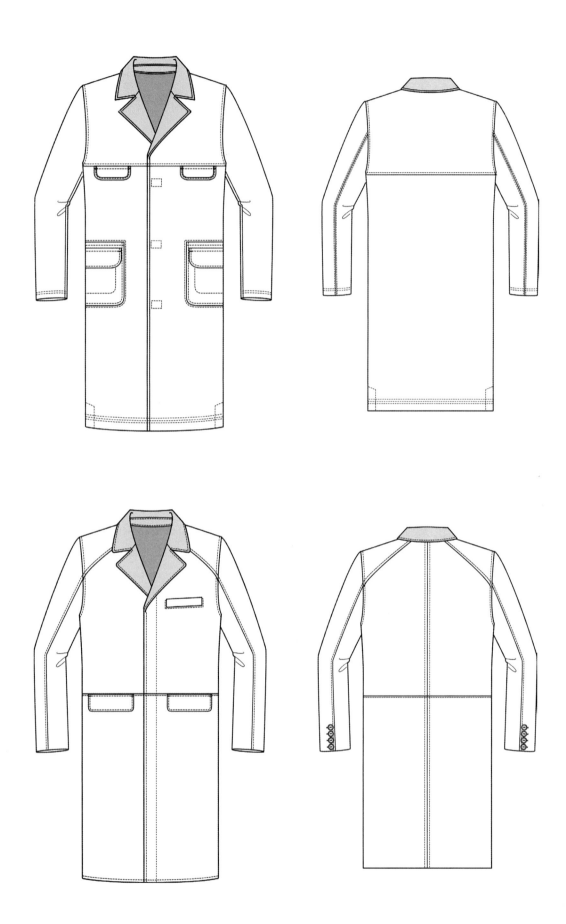

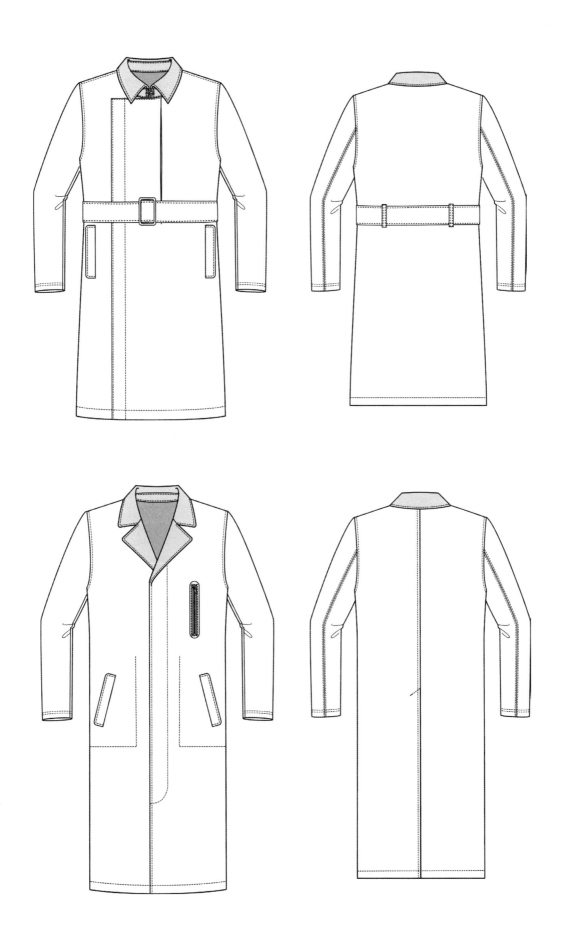

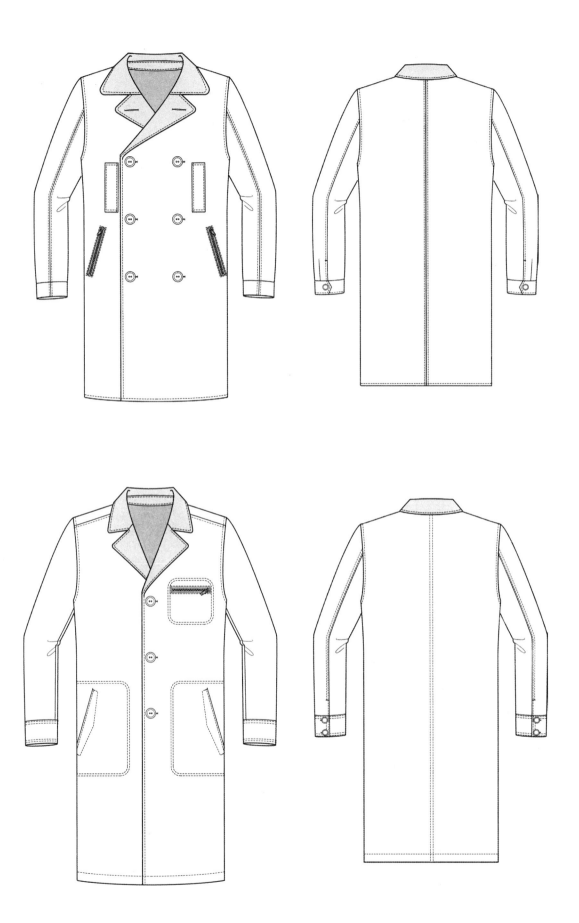

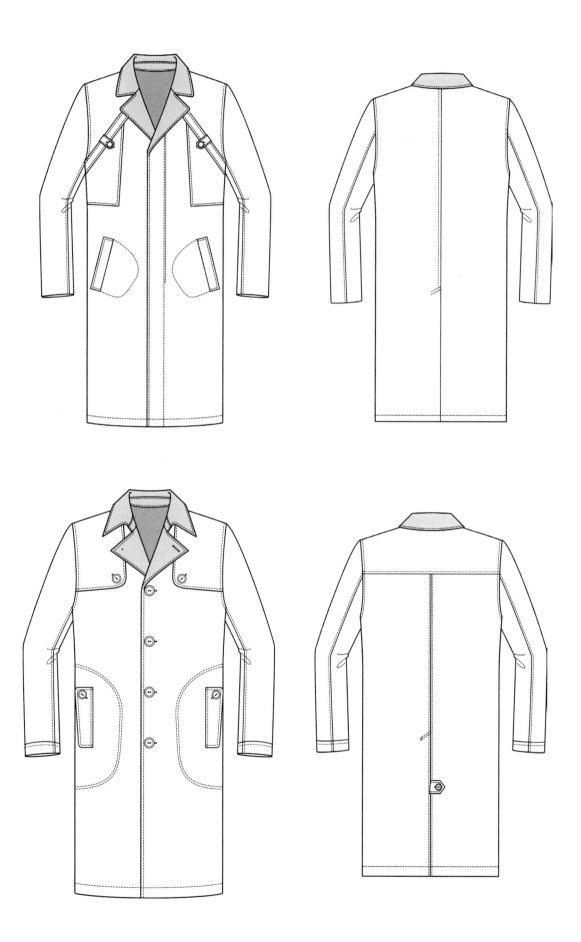

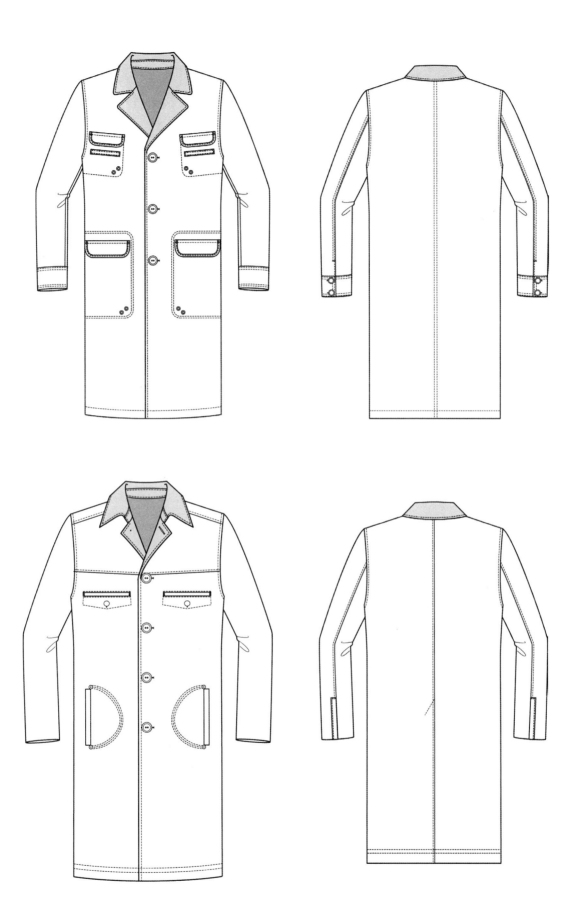

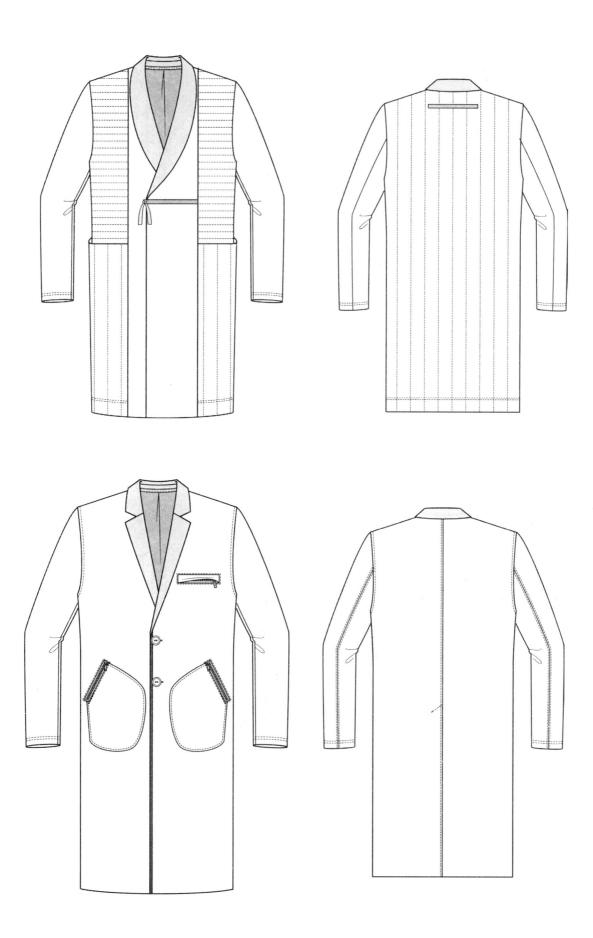

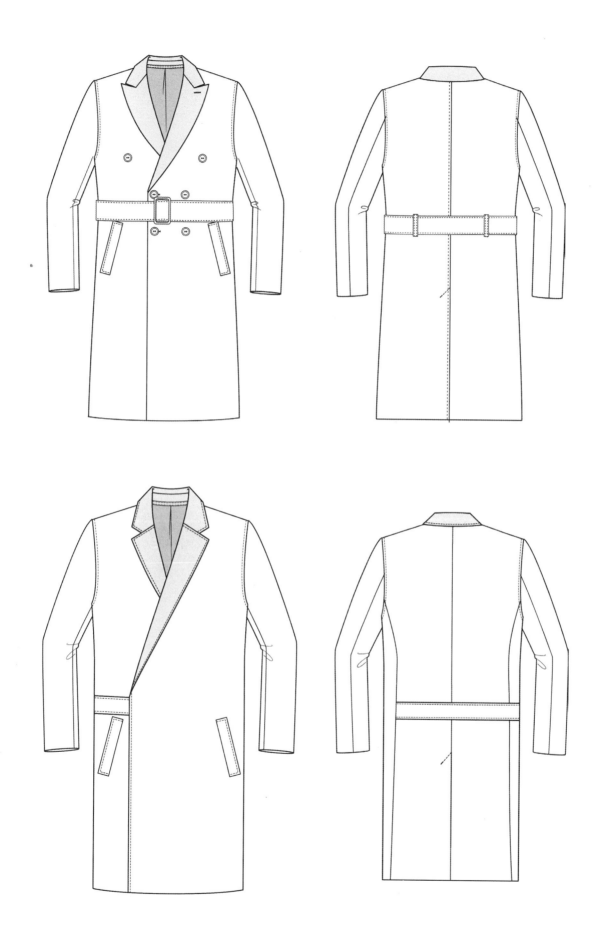

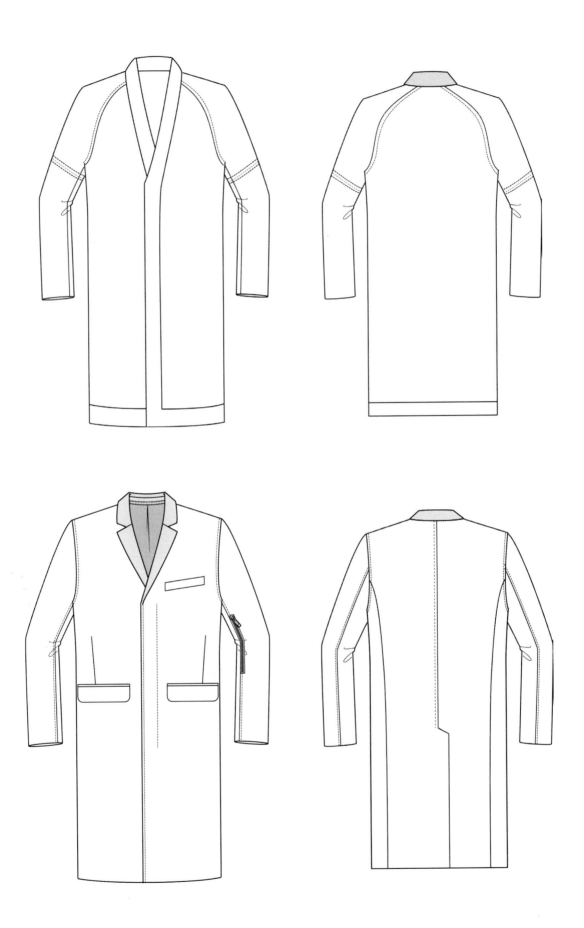

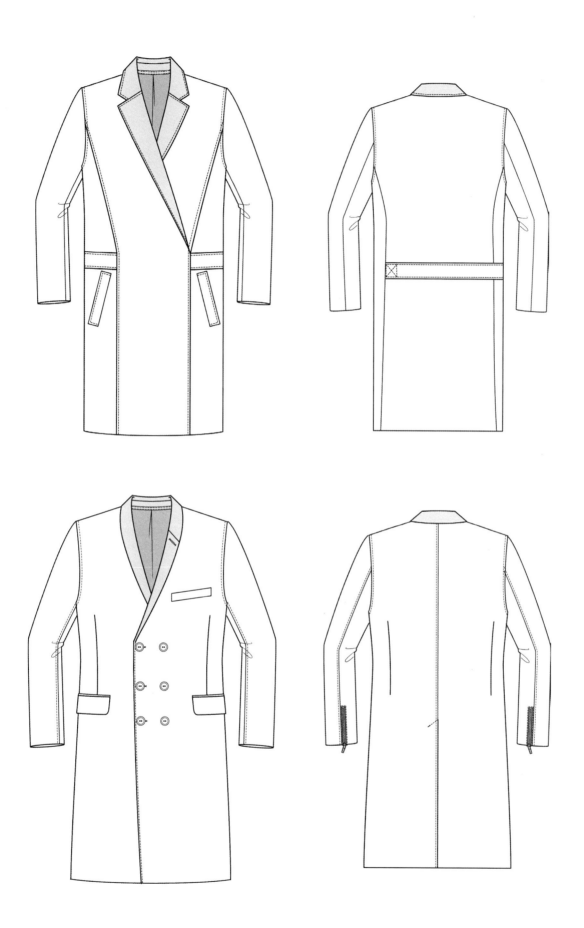

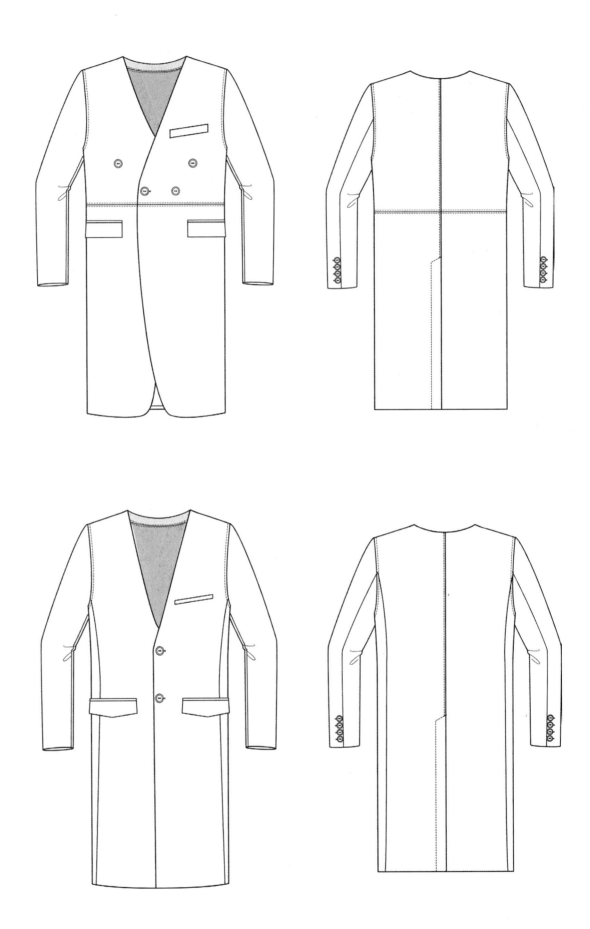

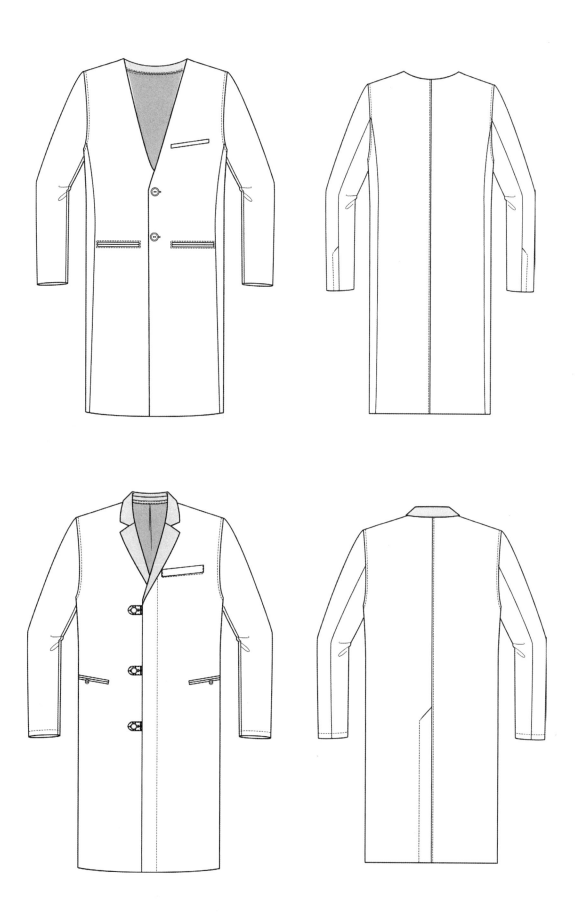

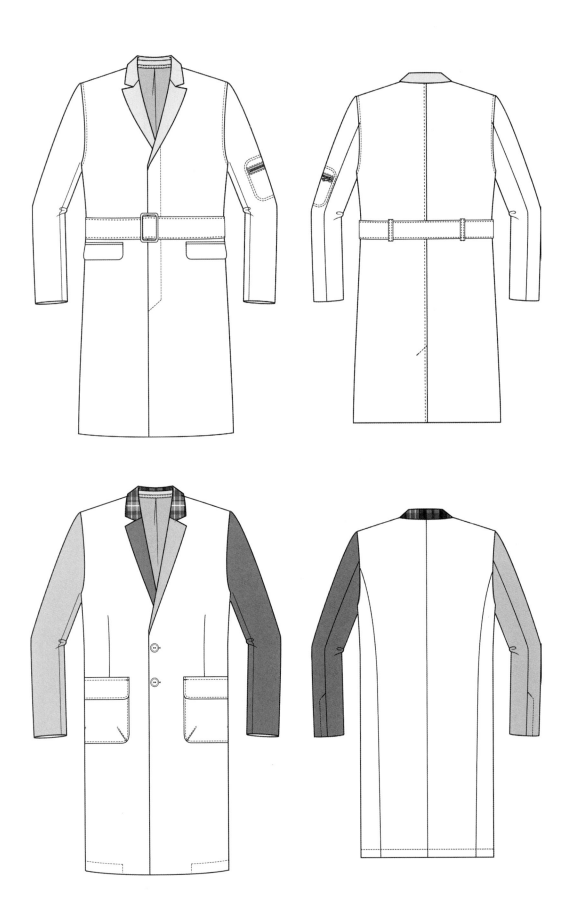

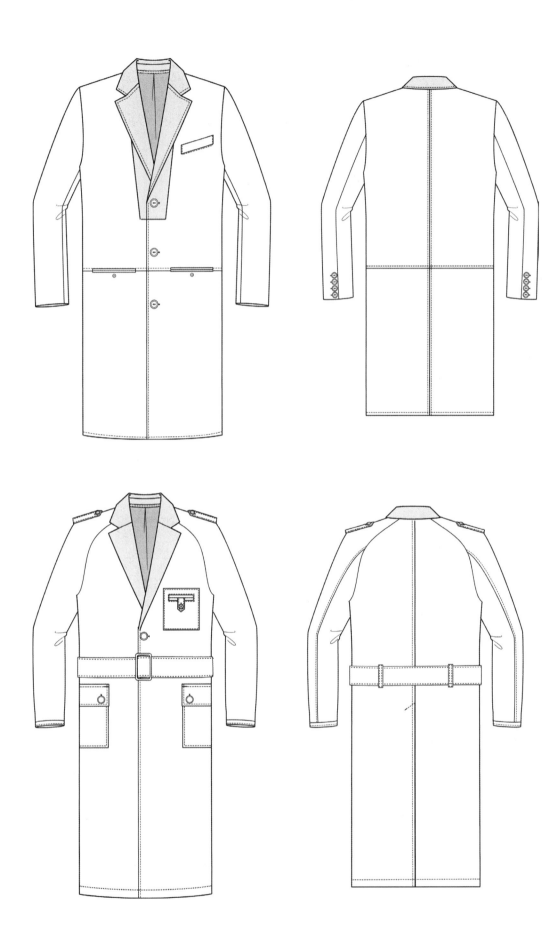

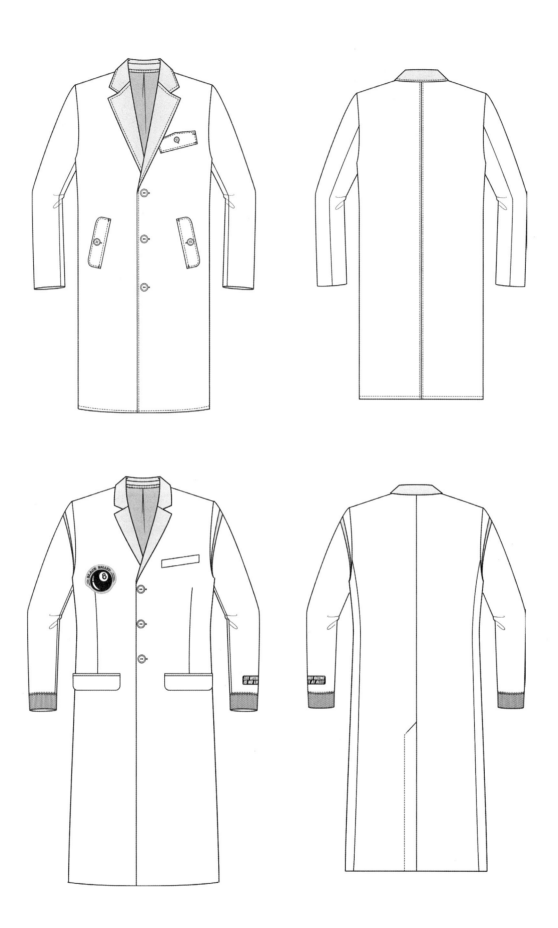

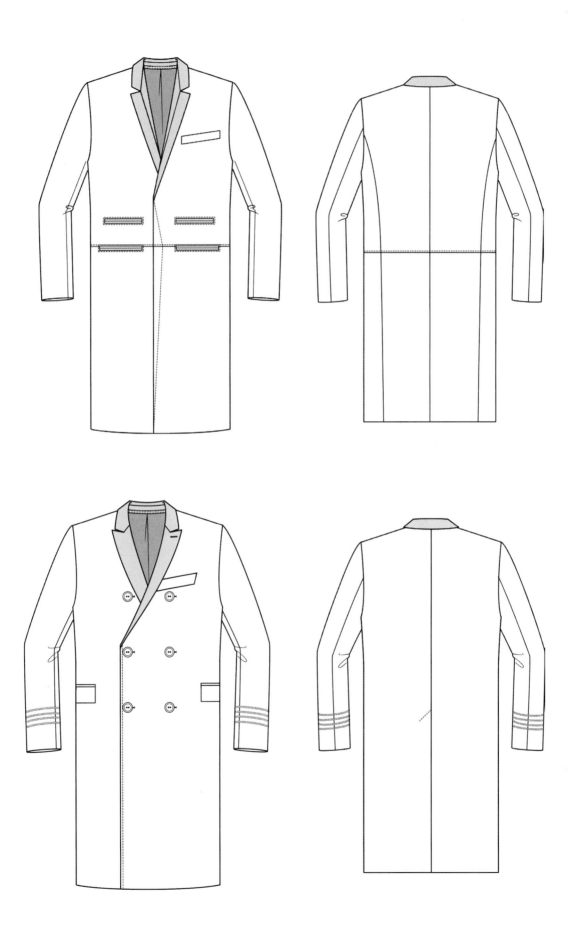

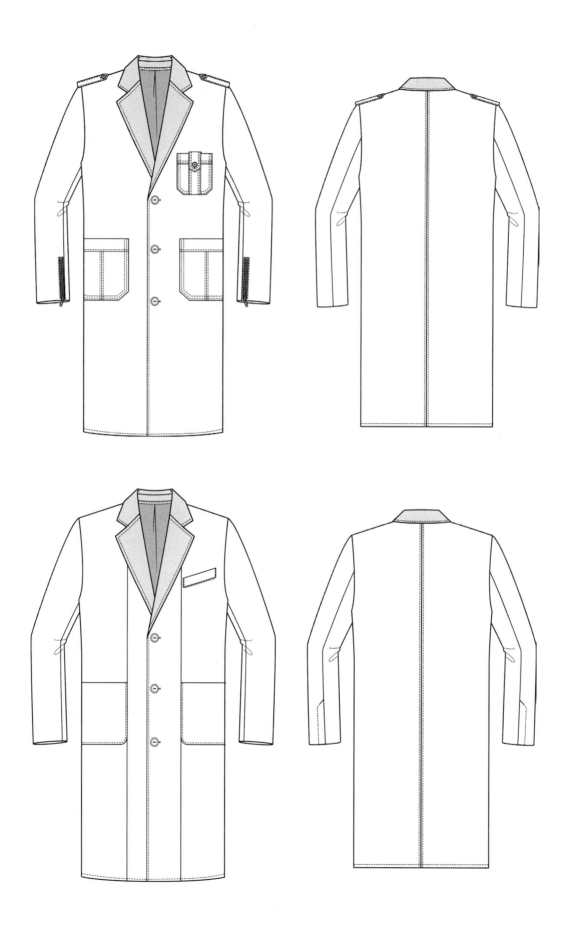

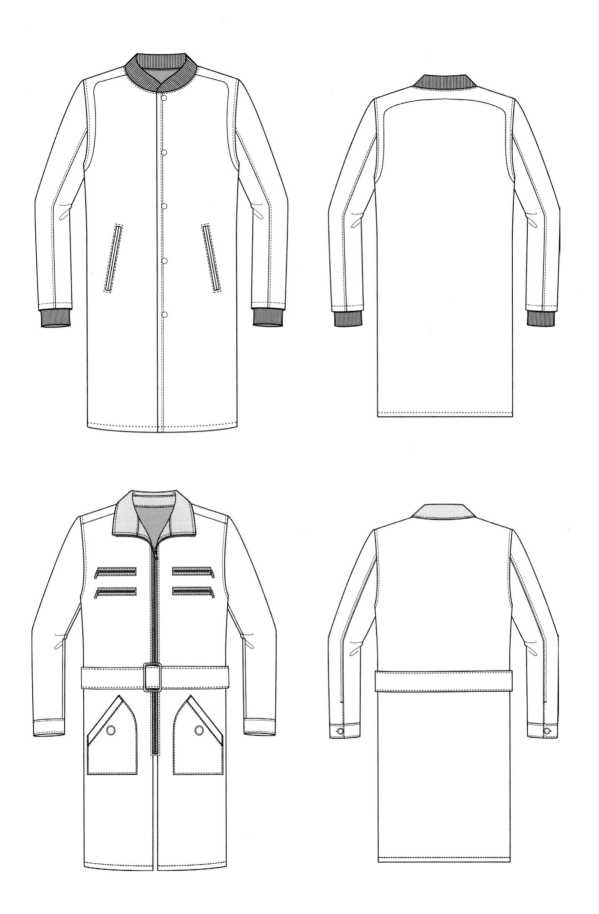

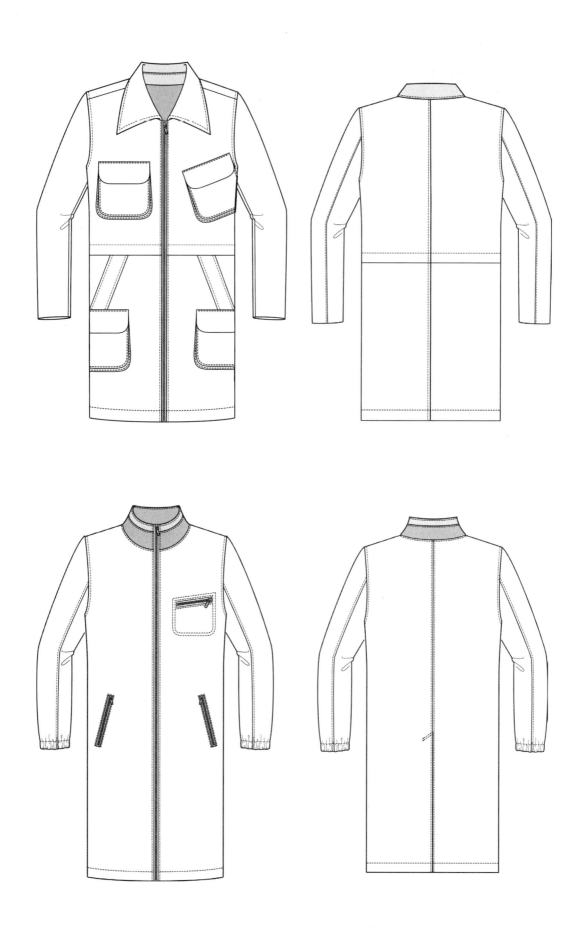

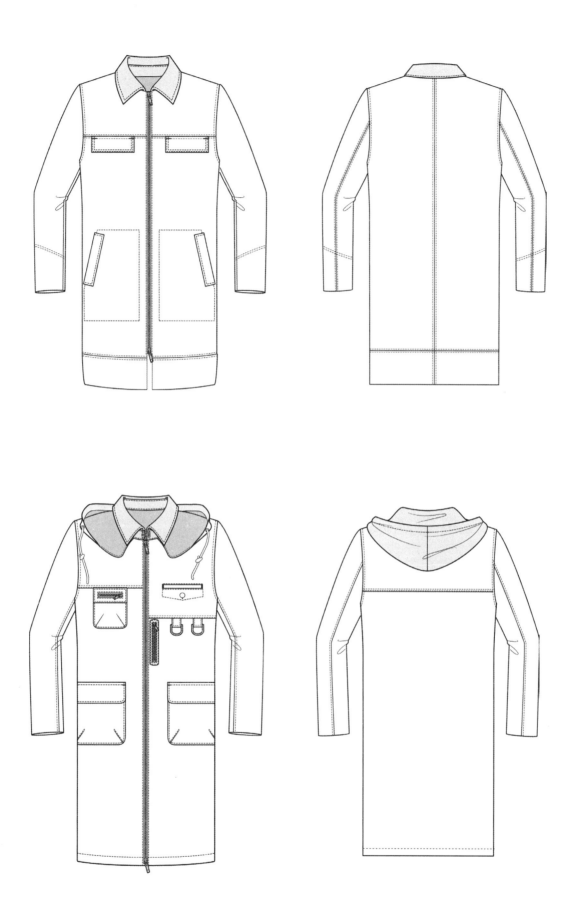

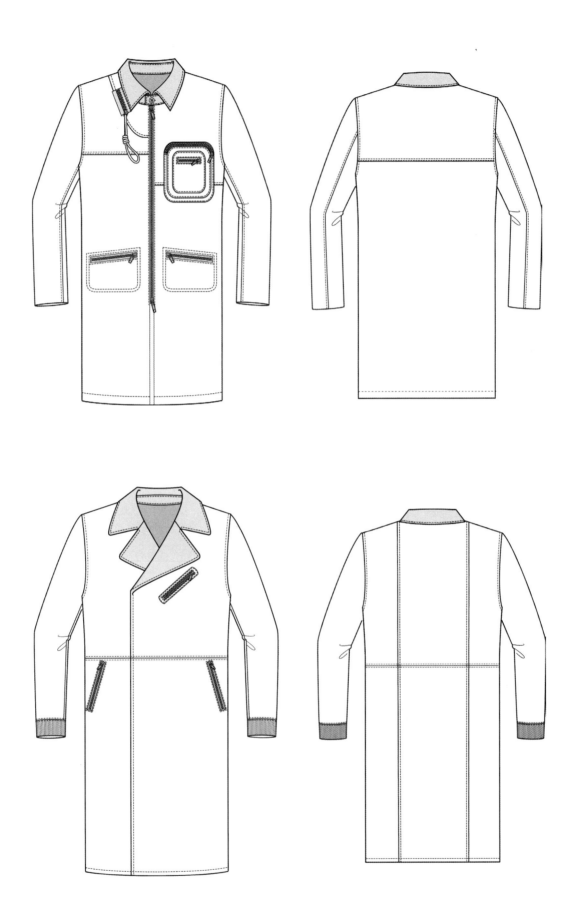

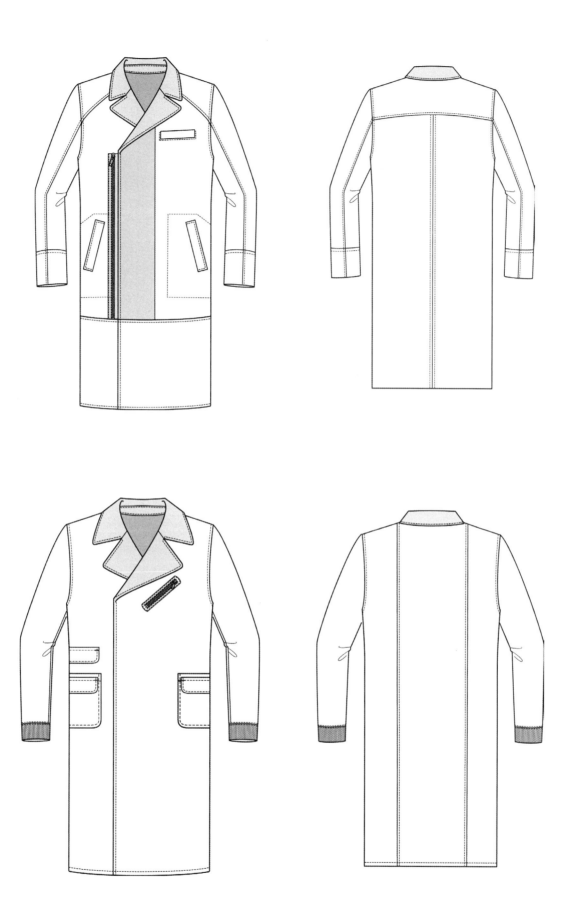

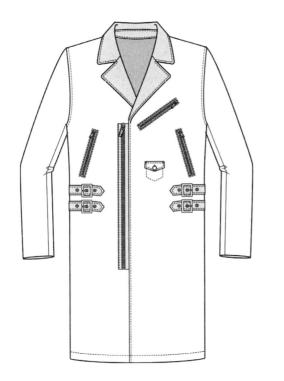
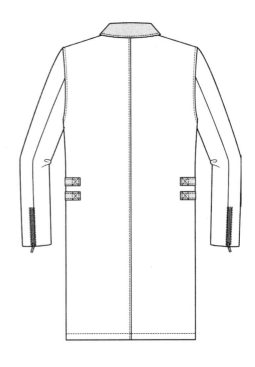
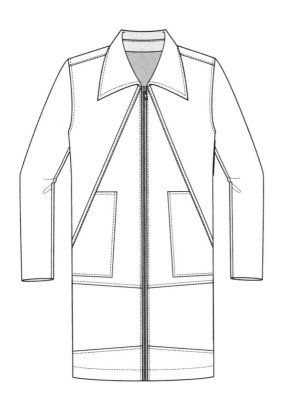
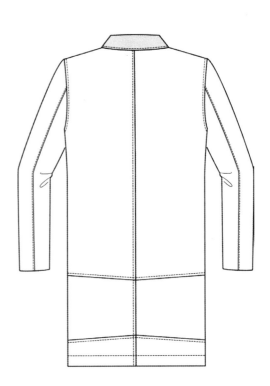

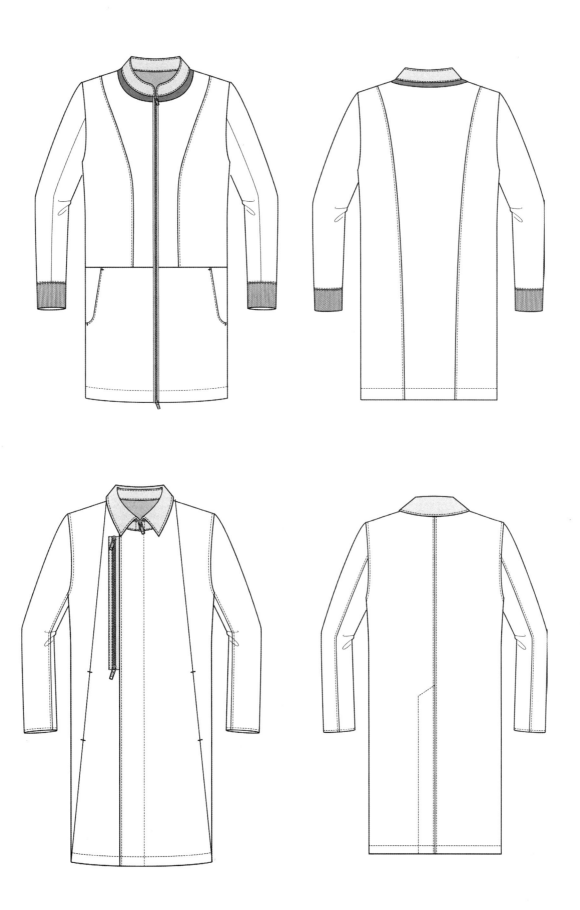

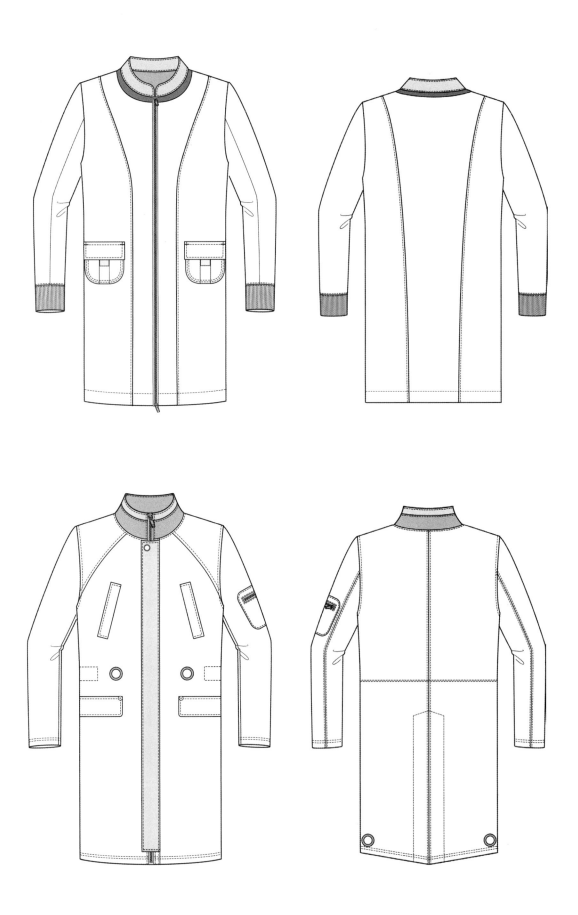

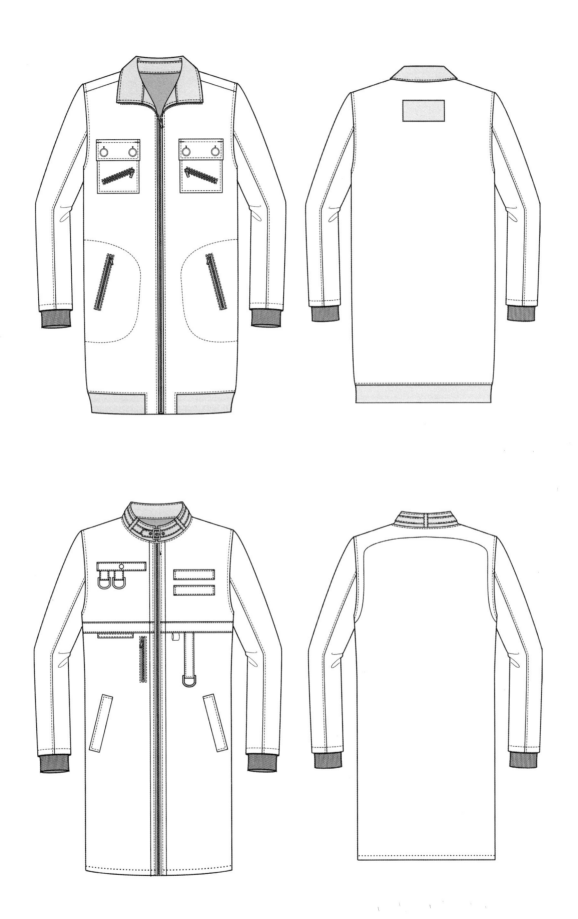

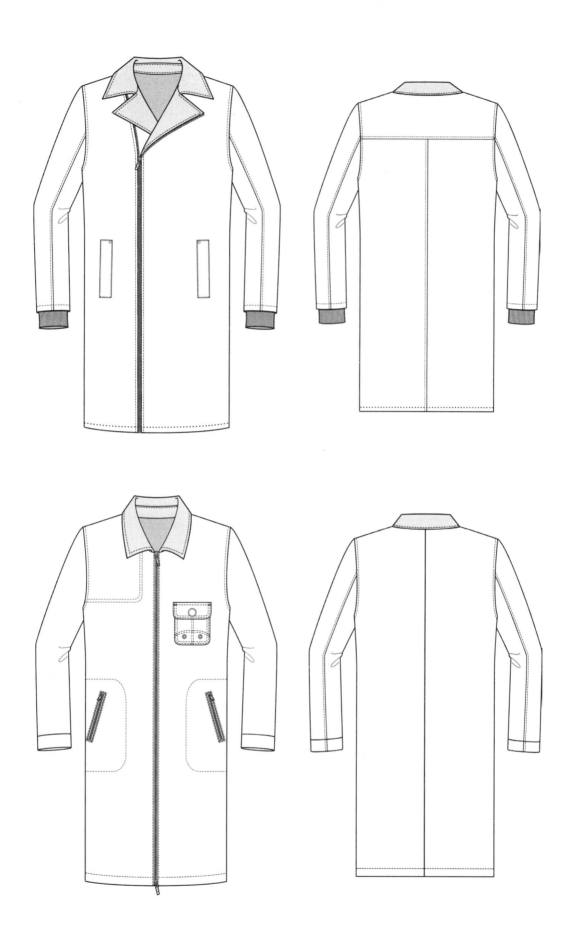

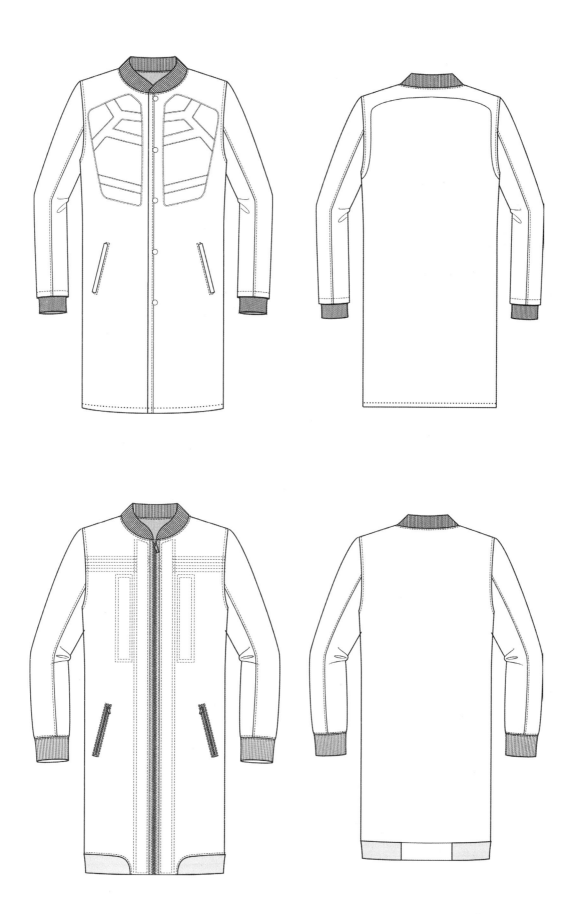

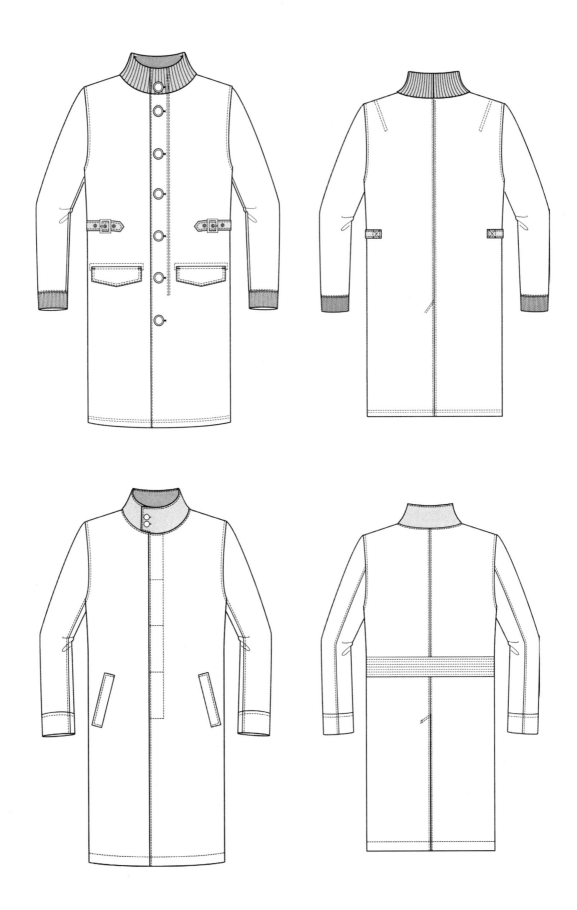

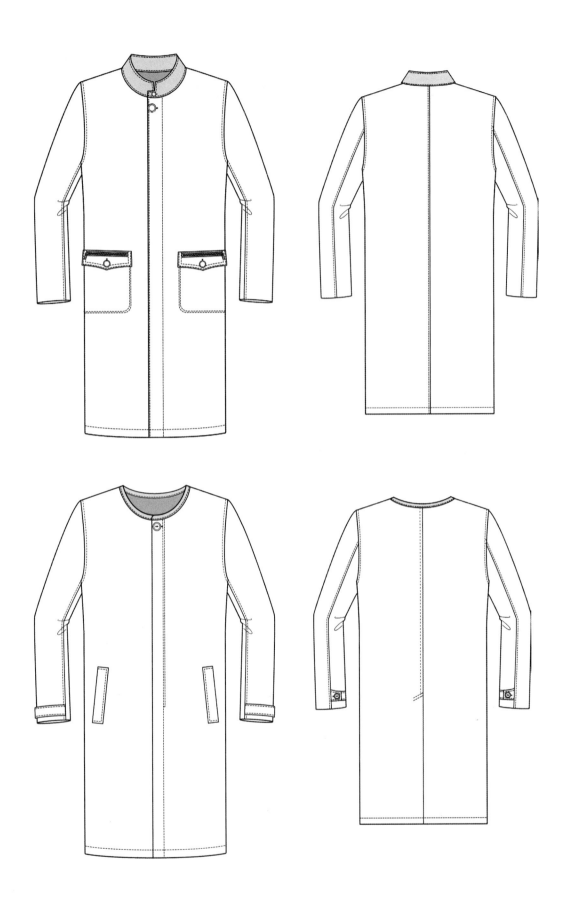

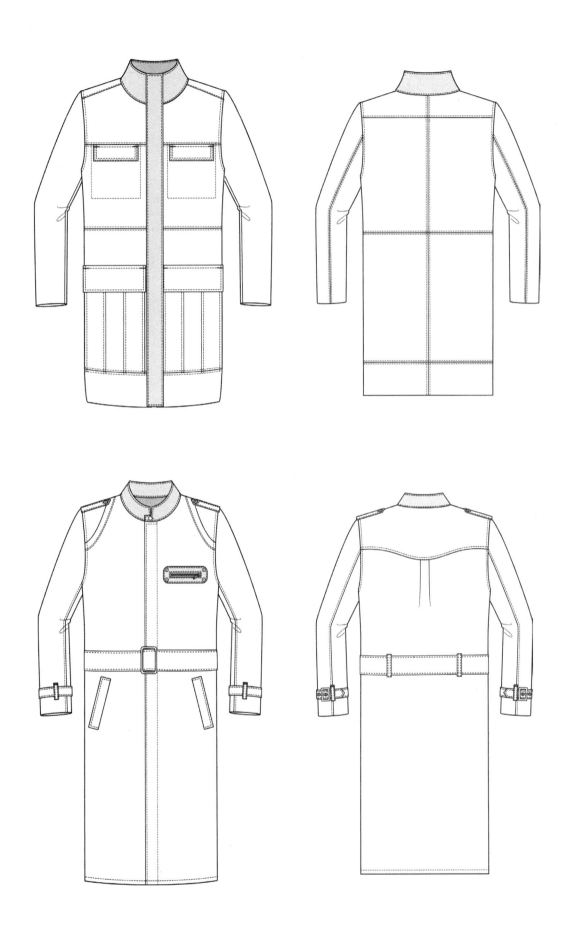

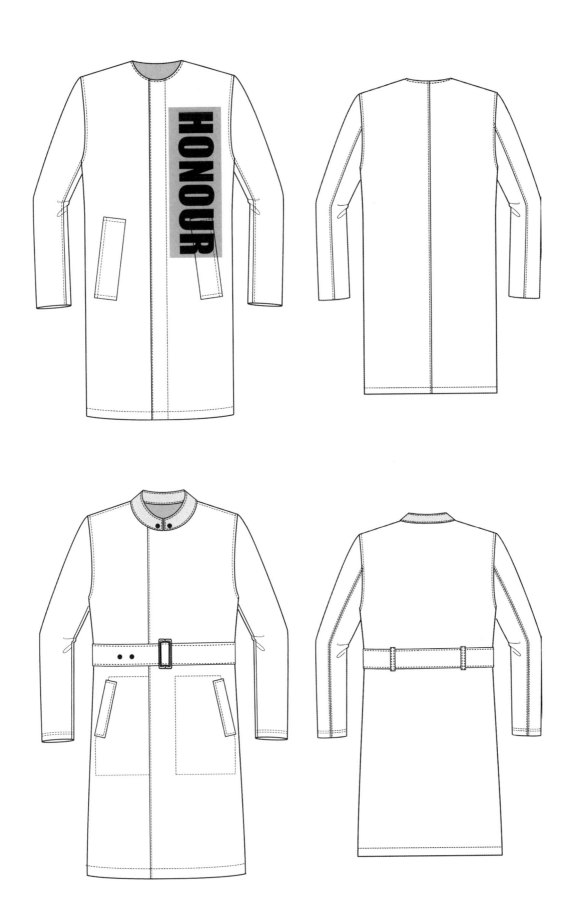

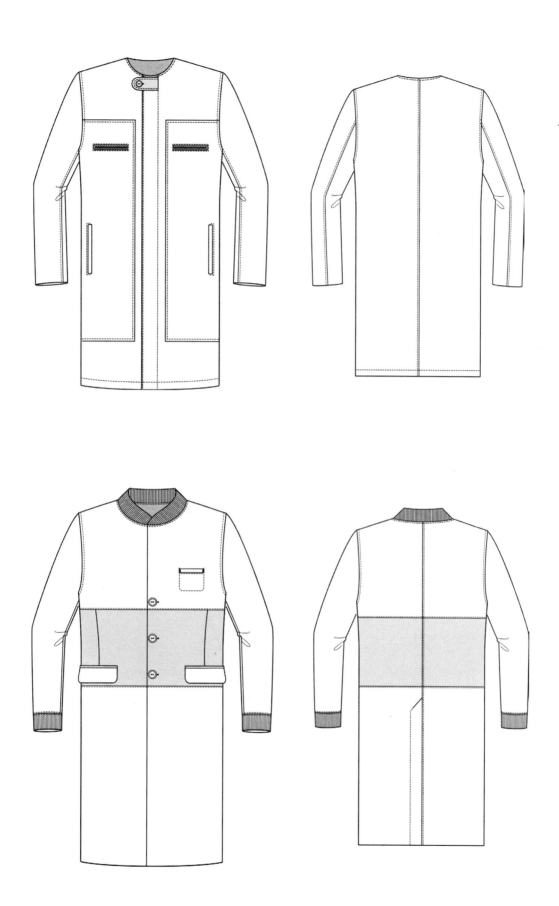

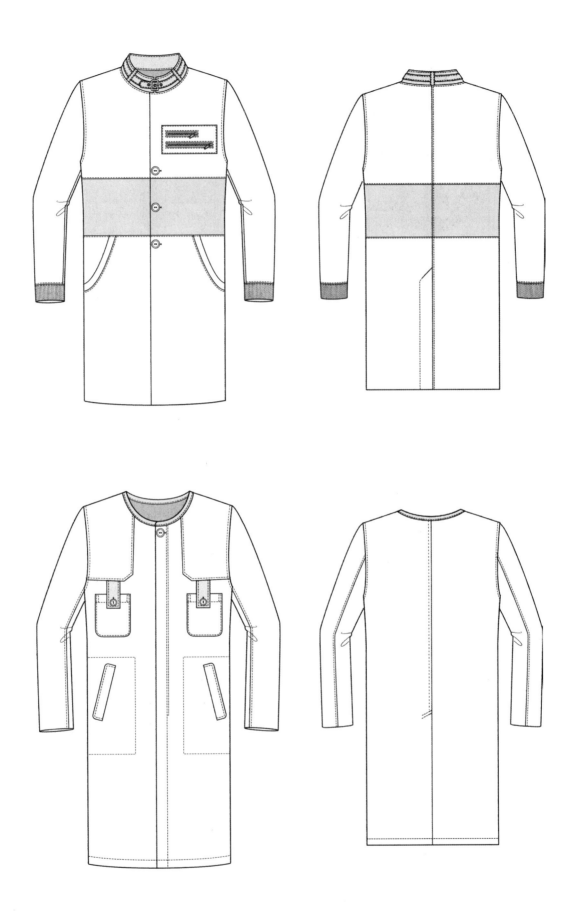

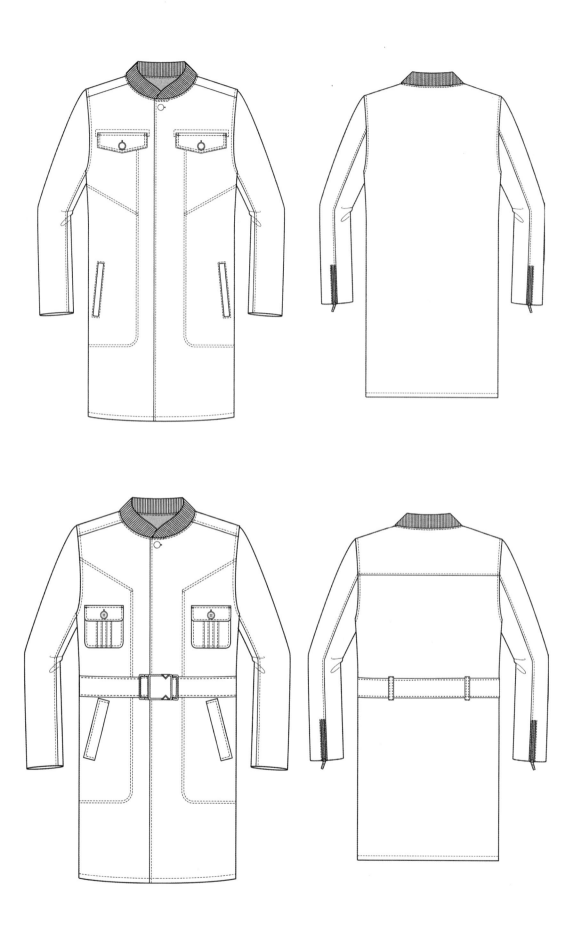

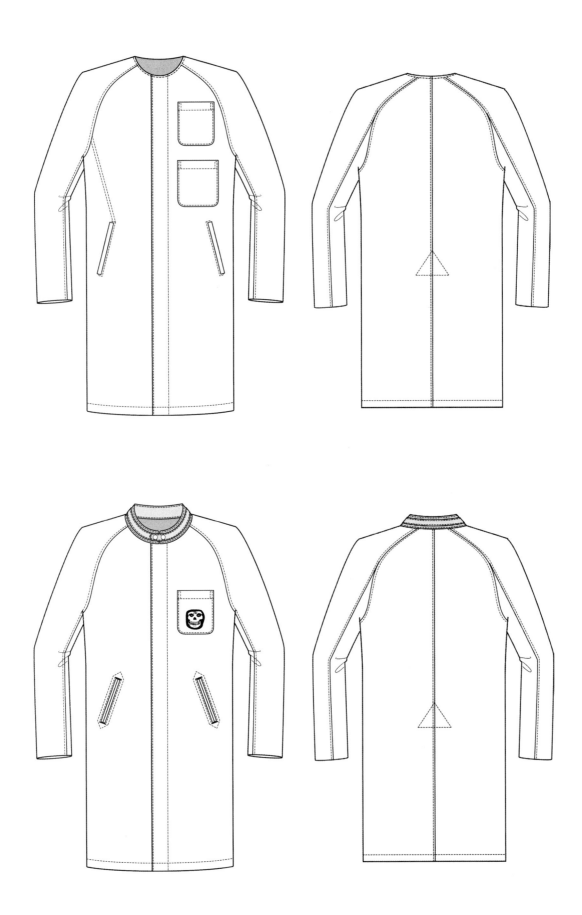

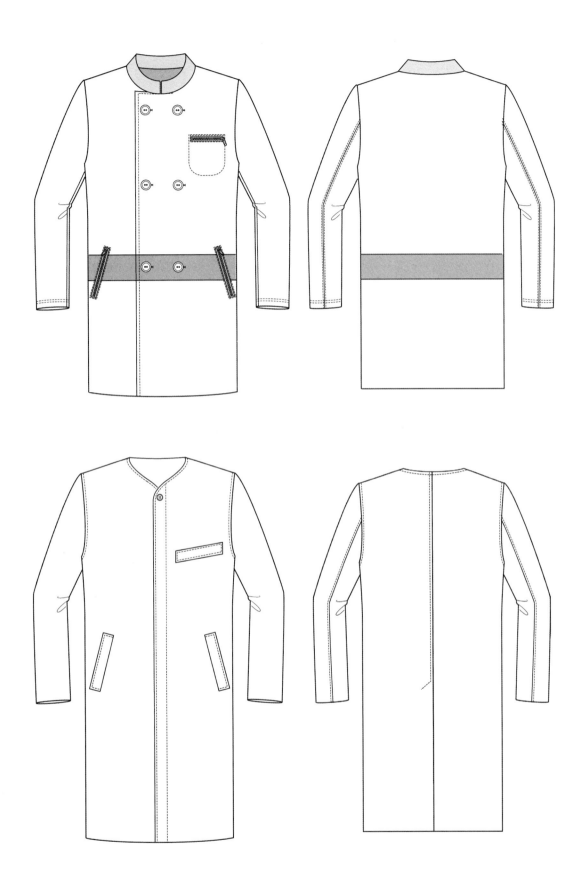

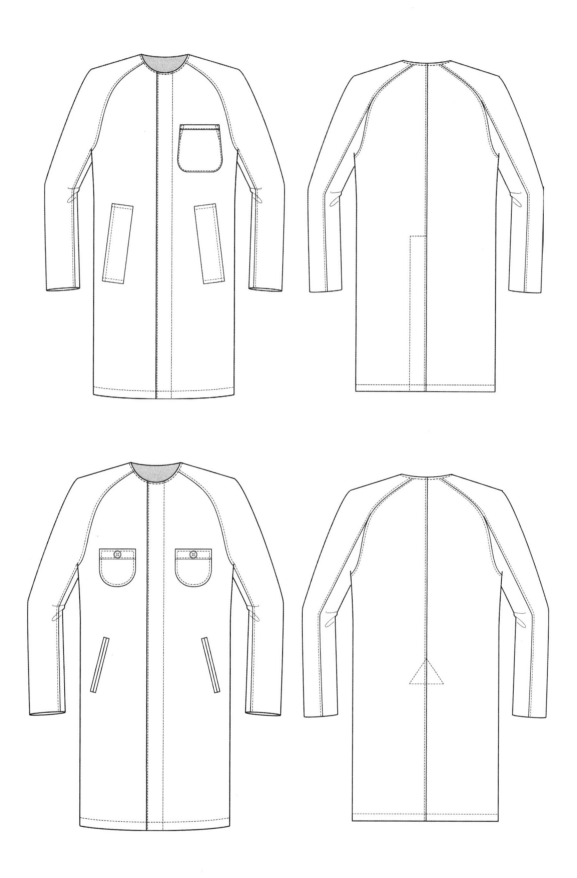

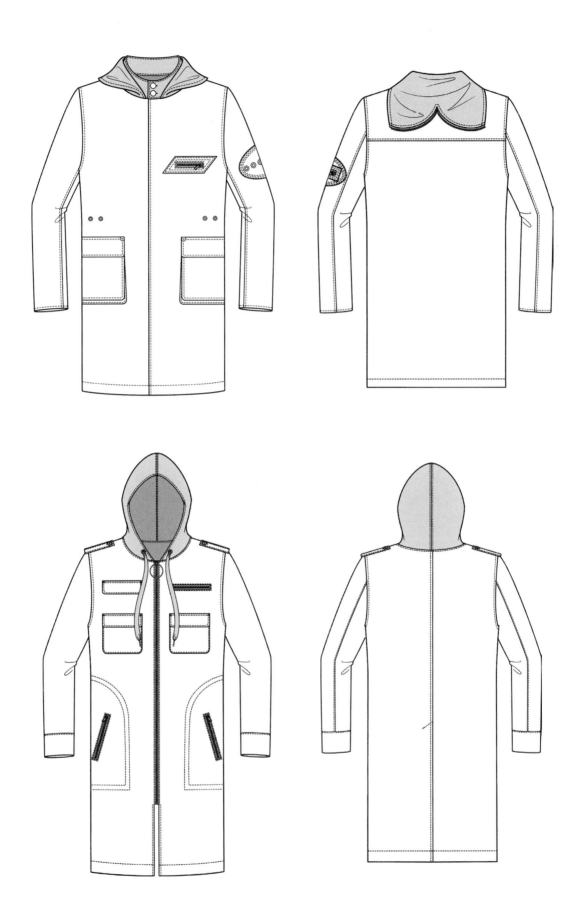

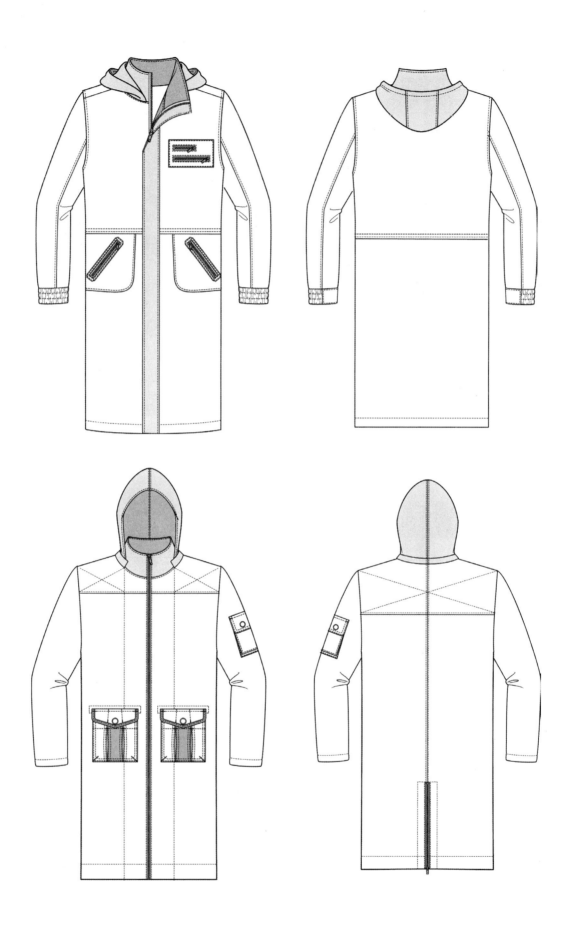

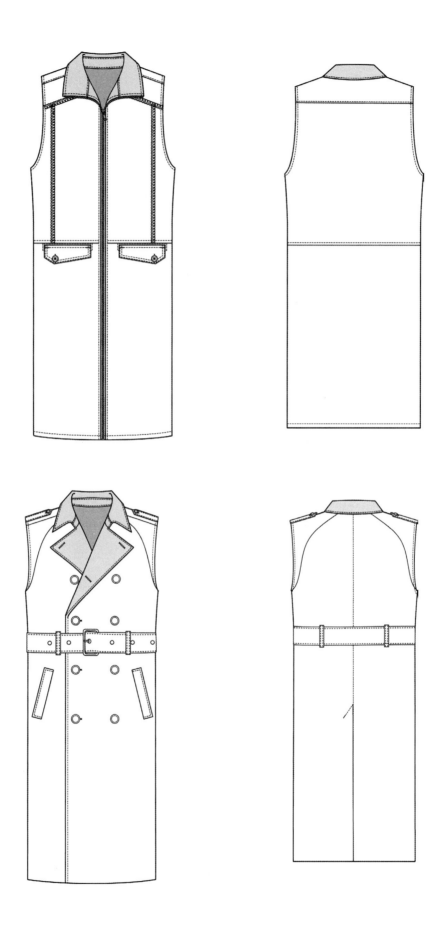

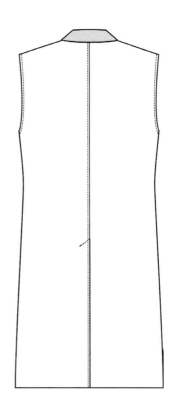

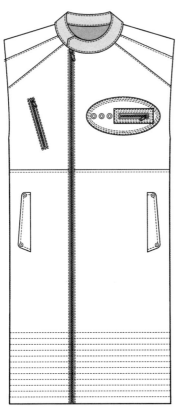

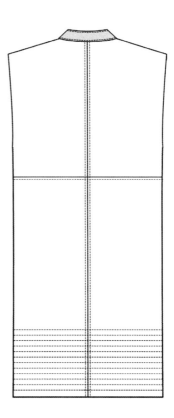

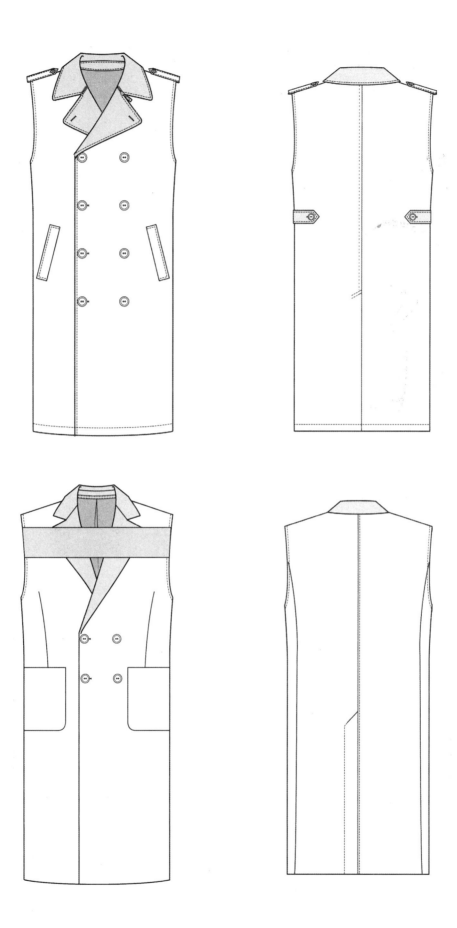

第四章

款式局部细节设计

领部局部细节

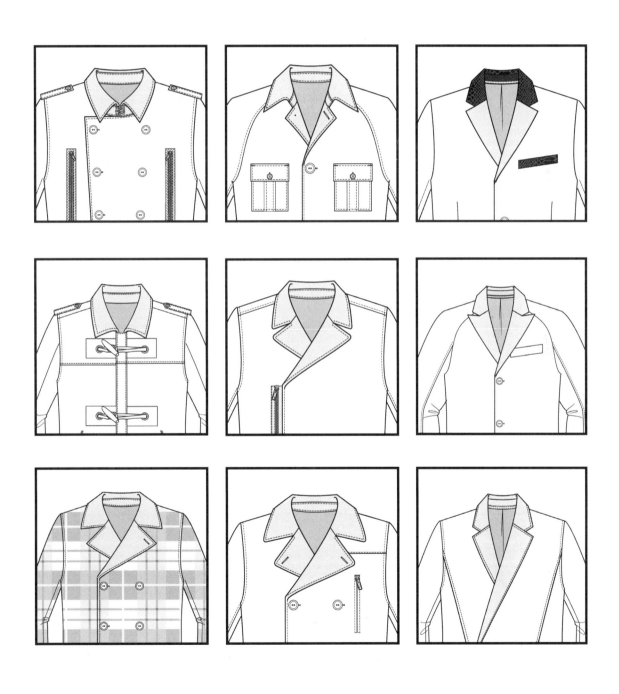

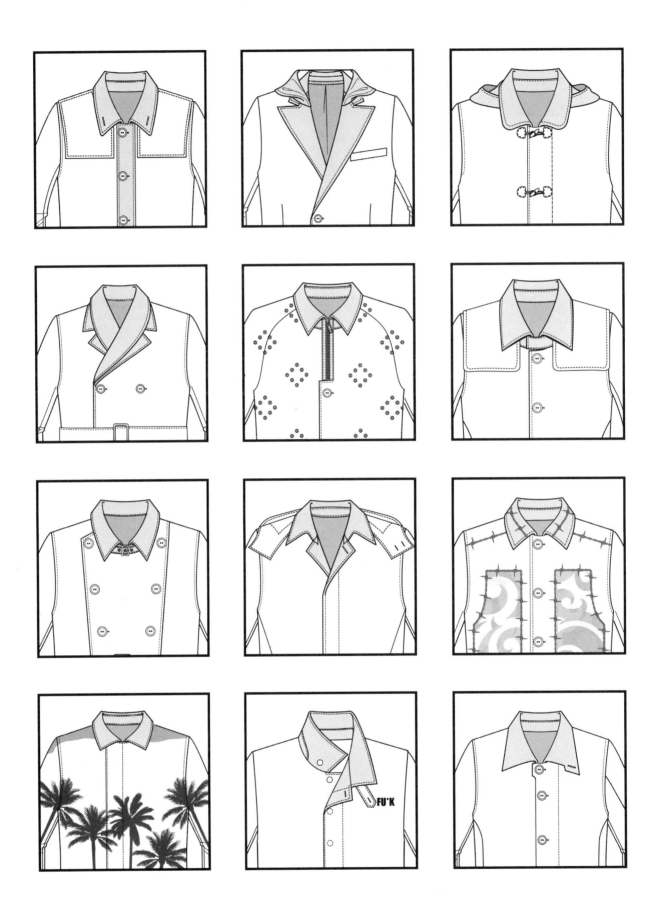

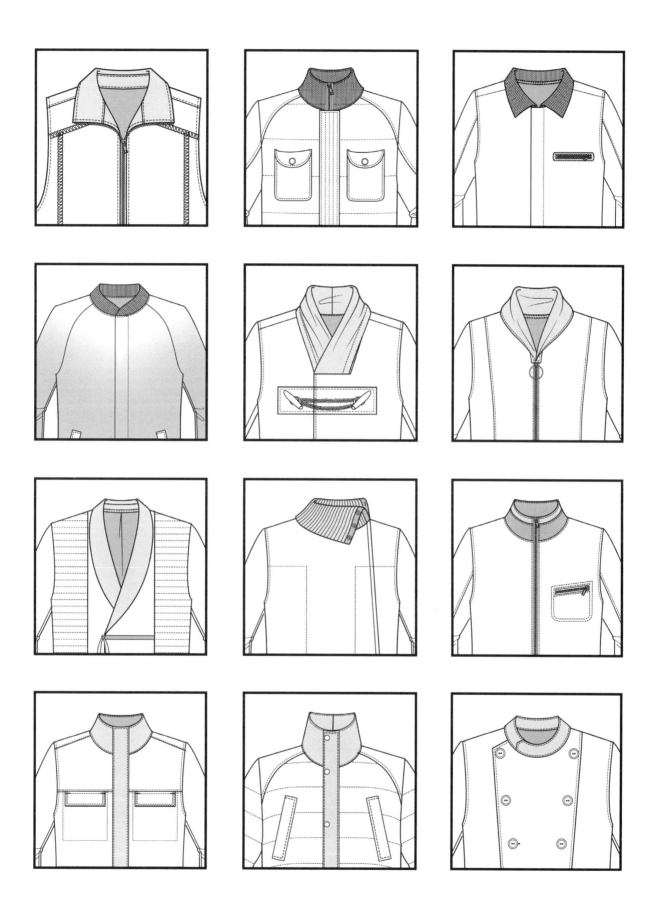

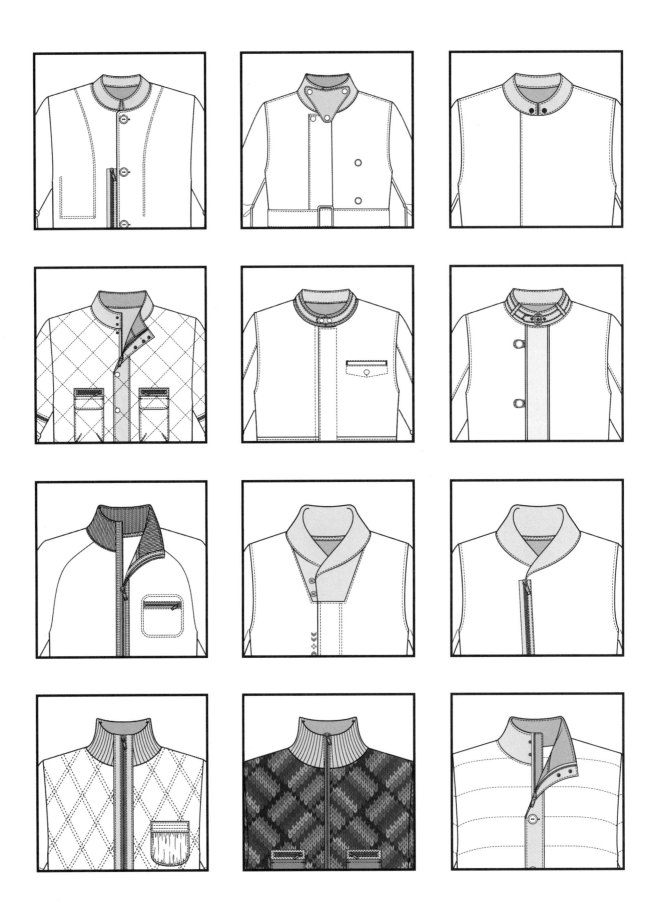

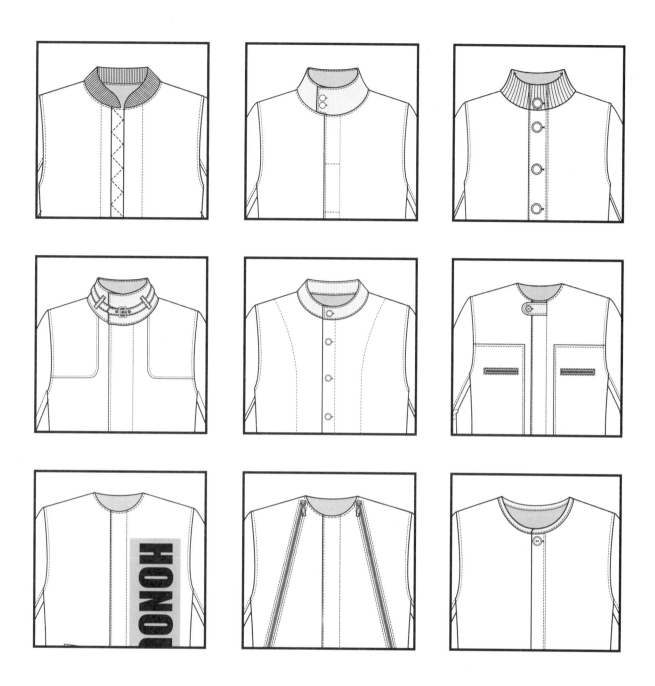

帽子局部细节

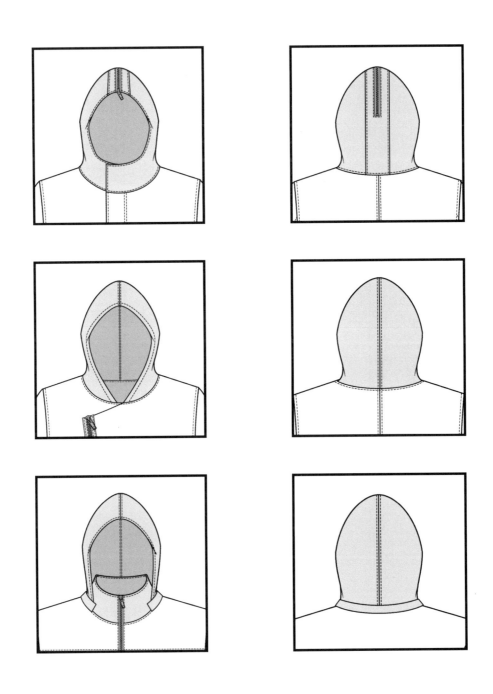

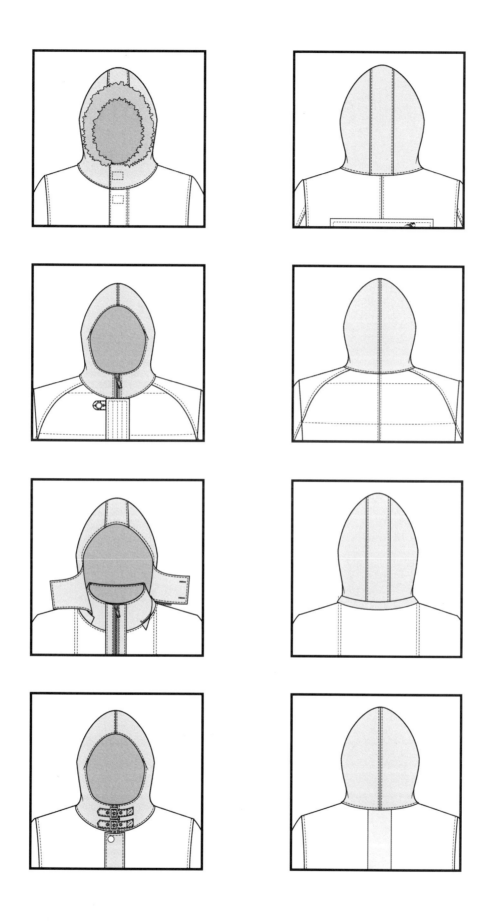

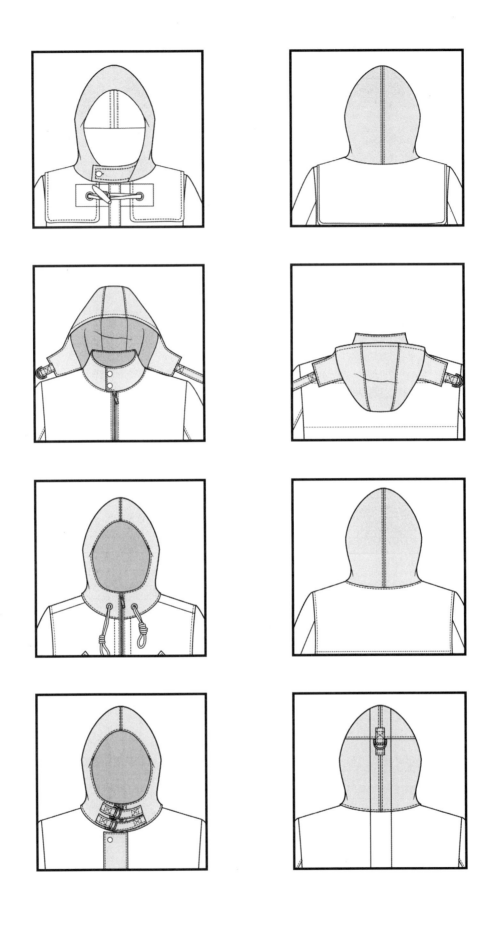

口袋局部细节

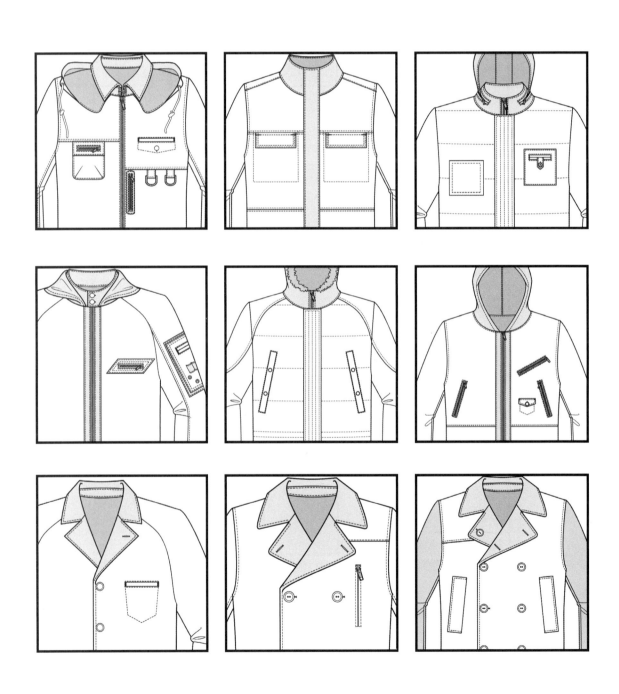

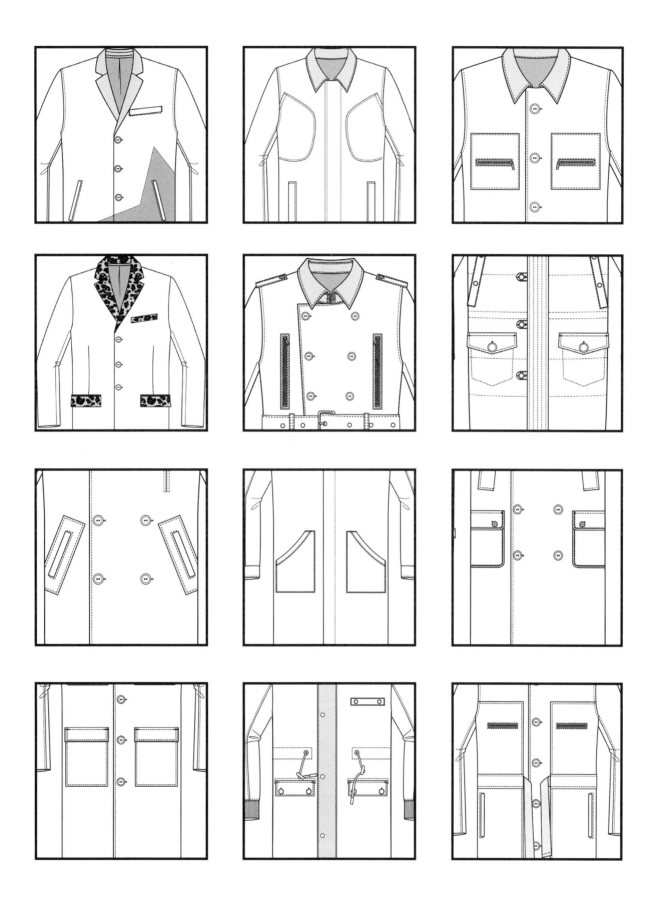

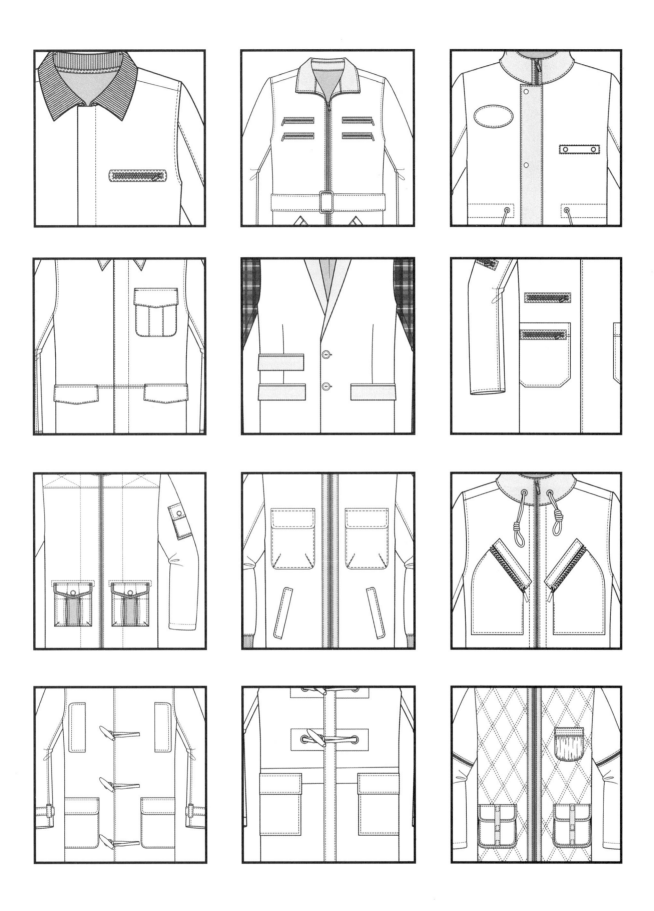

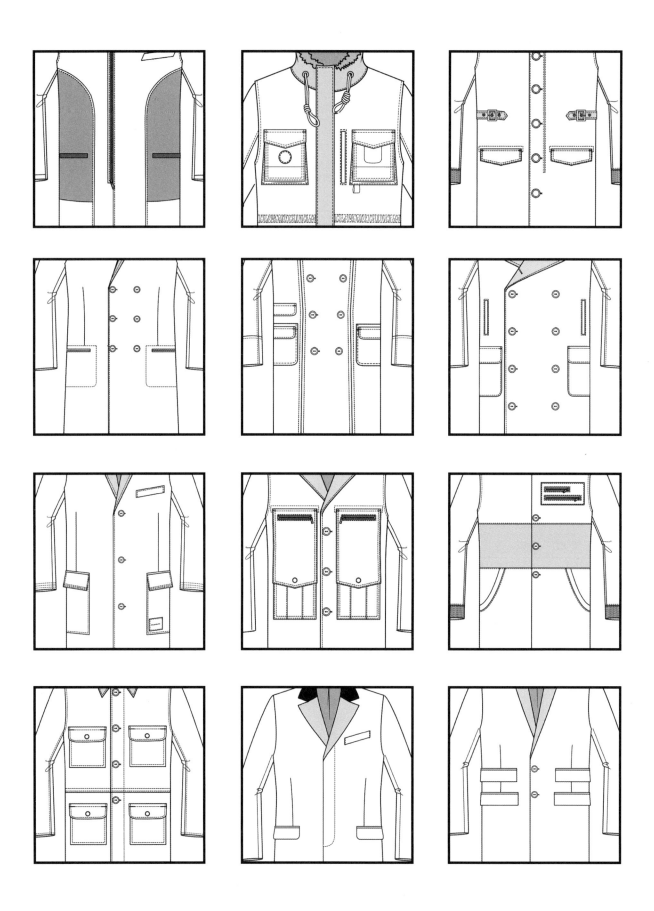

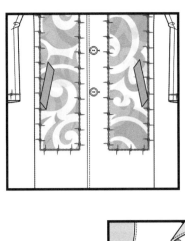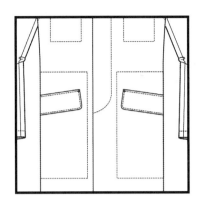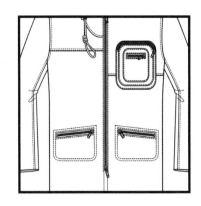

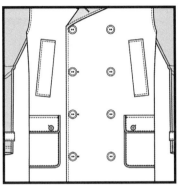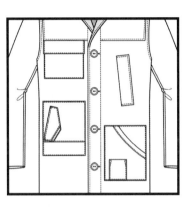

袖口局部细节

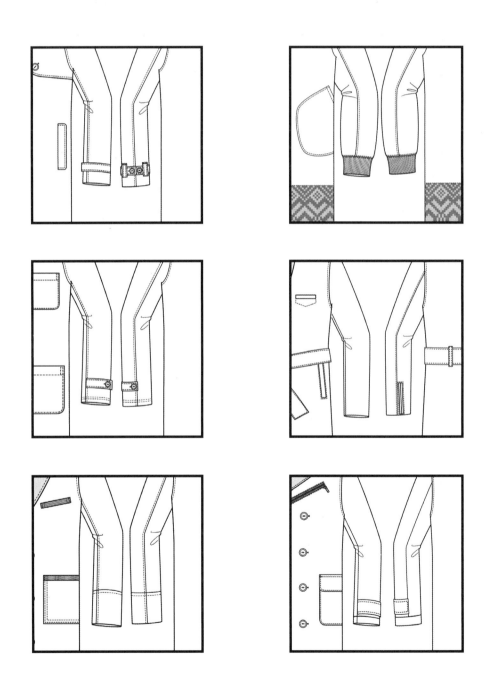

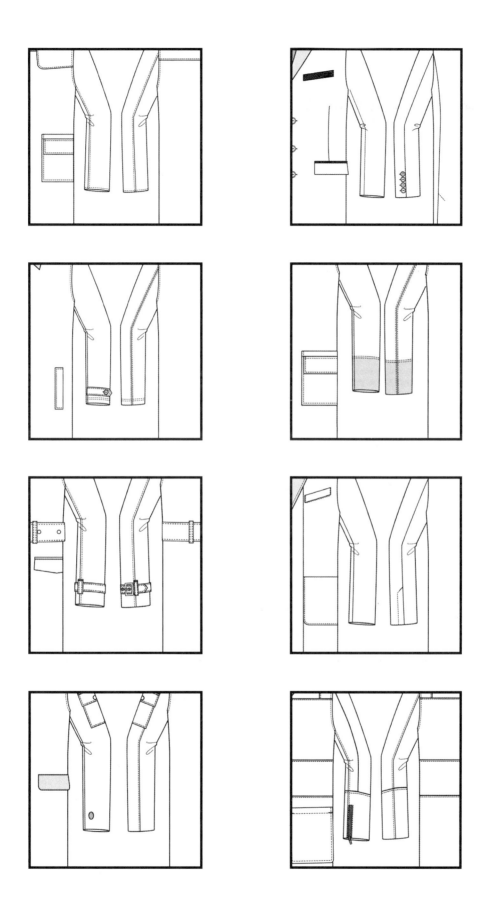

腰带局部细节

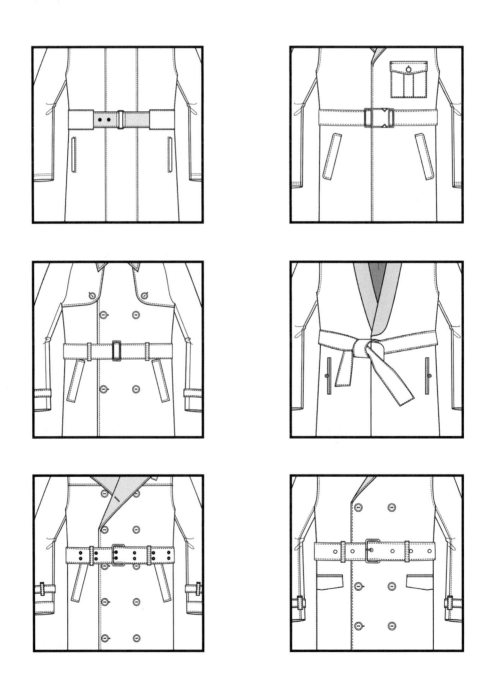

参考文献

[1] 刘瑞璞, 万小妹. 绅士着装圣经 3: 外套 [M]. 北京 : 中国纺织出版社, 2015.

[2] 刘瑞璞, 常卫民. TPO 品牌男装设计与制板 [M]. 北京 : 化学工业出版社, 2015.

[3] Hopkins J. Menswear[M]. New York: Bloomsbury Visual Arts, 2017.

[4] Vogel S, Schonberger N, Gordon C. Contemporary Menswear: The Insider's Guide to Independent Men's Fashion[M]. London: Thames & Hudson, 2014.

[5] Boyer G B. True Style: The History and Principles of Classic Menswear[M]. New York: Basic Books, 2015.

[6] Binney M, Koda H, Ehrs B. One Savile Row: Gieves & Hawkes: the invention of the English gentleman[M]. Paris: Flammarion, 2014.

[7] Jacomet H, Jacomet H. The Parisian Gentleman[M]. London: Thames & Hudson, 2015.

[8] Blackman C. 100 Years of Menswear[M]. London: Laurence King Publishing, 2009.

[9] Peres D. Details Men's Style Manual: The Ultimate Guide for Making Your Clothes Work forYou[M]. Los Angeles: Gotham, 2007.

[10] Sims J. Icons of Men's Style[M]. London: Thames & Hudson, 2011.

后 记

　　男装系列设计丛书是基于现代创作理念，在传统研究与时尚发展中的有机结合。它是主编陈贤昌、曾丽，编辑吴川灵、赵春园，著作人杨树彬、王银华、汤丽、贺金连、熊晓光、薛嘉雯、胡蓉蓉、何韵姿等共同努力的结晶。这一年多来我们不畏艰辛、不懈努力，执着、坚定但又乐在其中。在第一次集中研讨中，我们就达成了基本理念和统一了思想，正是基于这份美好与共识，我们开始了愉快和艰辛的创作历程。

　　中期阶段一次次的碰撞和争议，取长补短的探讨让整体设计与编写载入了更完美的设计思想。艰辛总是凝聚在黎明前的时刻，总体的设计特色与细节突破在睿智与坚韧不拔的创作中再一次见证了我们共同努力的成果，让著作的含金量不断提升。

　　后期阶段，也是著作最后完稿前，两位主编与两位编辑，一起探讨了系列丛书的问题并确定了解决办法，并与八位著作人一起完善了每本著作的特点与内容，修订交稿。

　　男装系列设计丛书的编写终于完美落幕！

　　我们希望能从这些作品中透析男装设计的精髓，让现代男装设计有一个章法可循的设计思路，为现代男装发展奠定优秀的设计基础。

　　《服装款式大系——男大衣·风衣款式图设计800例》的顺利完成，还有赖于Eeo参与效果图的绘制，以及在绘制款式图过程中西南大学郭芳婷与广东培正学院黎芷君、李嘉琪、麦舒婷等同学的热情投入。衷心感谢他们的加入与共同努力，深表谢忱。